粳稻食味与外观品质改良

理论及方法

吕文彦　郭晓雷　主编

中国农业出版社

北京

编 者 名 单

主　编：吕文彦　郭晓雷

副主编：程海涛　马兆惠

编　者（按姓氏笔画排序）：

马兆惠　吕文彦　朱志成　全东兴

那荣辉　张连奎　邵凌云　孟维韧

夏　乐　高振环　郭晓雷　程海涛

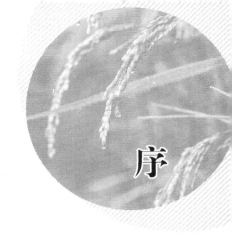

序

　　2020 年 12 月初，吕文彦教授打电话给我，告知他的新作《粳稻食味与外观品质改良理论及方法》一书已经撰写完成，旋即将书稿发过来，希望我能为该书作序。这是对我的信任，我当然欣然应允。但是通读全书需要时间，加之年终琐事繁多，因此拖到今日才勉强完成。

　　我国北方粳稻历来以高产优质著称于世，特别是东北粳稻，由于生态环境有利于稻米品质的形成，生产出的"东北大米"一直享誉全国。记得小的时候有南方客人来东北，常常带一些东北大米回去，作为礼品馈赠亲朋好友。但那时东北水稻生产总量很少，能搞到一点"东北大米"也绝非易事。20 世纪 90 年代初，国家为缓解东北大米供需矛盾，开始大力发展东北水稻生产。经过近 30 年的努力，东北粳稻无论是种植面积、单产水平还是总产量，都取得了巨大突破，全国人均占有量也由 1990 年的 8.5 kg/人，猛增到 2019 年的 26.8 kg/人，彻底实现了"东北大米"由相对短缺向供应充足并略有剩余的历史性转变（数据来源：国家统计局）。当时的历史背景下，人们更多关注的是粳稻数量的扩增，很少关心稻米品质的改良。正是在这种情况下，吕文彦考进沈阳农业大学攻读硕士学位，师从曹炳晨教授逆势而上，开始了他的粳稻稻米品质研究，这一干就是近30年。《粳稻食味与外观品质改良理论及方法》就是他对几十年矢志不渝地研究粳稻稻米品质所取得成果的系统总结。

纵观全书，特色有三：其一是学术传承。吕文彦的导师曹炳晨教授早年留学日本，开始关注日本稻米食味品质研究。回国后从事东北粳稻品质改良工作，并于20世纪90年代选育出优质粳稻品种沈农129和沈农香糯1号。1992年吕文彦加入他的团队，将研究领域进一步拓展到与粳稻品质改良有关的理化指标、外观品质、食味等，并形成了一条脉络清晰、特色鲜明的粳稻品质改良理论与技术体系。其二是时代特征。随着国民经济的发展与社会进步，人们在"吃得饱"以后普遍要求也要"吃得好"，作为我国人民主要口粮品种之一的粳稻品质问题越来越受到重视。因此，不断提高粳稻品质以满足消费者日益增长的需求自然成为未来东北水稻发展趋势。在这一时代背景下出版这样一本书，一定程度上可以满足相关研究者和生产者之需，进而促进稻米品质改良的发展。其三是综合性。全书从介绍稻米品质相关基础知识开始，有对稻米食味与外观品质改良理论与实践的描述，也有对从育种和栽培两方面改良粳稻食味与外观品质基本方法的介绍，理论与实践相结合，兼收并蓄，相得益彰。

20 世纪 80 年代初，我与吕文彦的导师曹炳晨教授同在沈阳农业大学稻作研究室工作，当时我还是一名初入稻作领域的研究生。后来曹炳晨教授调到农学系当主任，离开了稻作室，把研究工作也带到了农学系。1992 年吕文彦成为他招收的最后一名研究生，那时我已博士毕业并留校工作多年了。再后来吕文彦留校任教，我与他成了同事和朋友，见证了他在水稻研究事业方面的发展与进步。今天率先读到他的专著，获益同时也为他所取得的成就感到高兴。希望再过几年，他能有更多的著述发表，为东北水稻进一步发展做出更大贡献。

陈温福

2021 年元旦于海南陵水

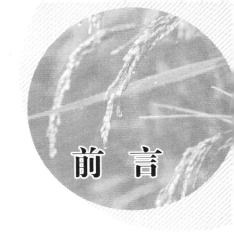

前　言

　　本书共 11 章。其中，前 9 章以理论为主。第 1 章是全书的铺垫，介绍了稻谷、糙米的结构及其化学成分组成，稻米的营养价值等。第 2 章至第 8 章介绍了稻米食味与外观改良的理论基础，包括稻米食味的内涵、淀粉的糊化与老化，大米淘洗、蒸煮过程的显微特征变化、淀粉特性有关概念；从储备淀粉与同化淀粉合成的差异入手，分析了参与淀粉合成的系列酶的作用及其配合、淀粉生物合成的调控、淀粉基因变异与稻米品质的关系，稻米蛋白质形态特征、成分、含量与稻米氨基酸组成、含量及其与稻米食味的关系，稻米无机元素组成及 N、P、K、Si、Mg 等的含量与稻米食味的关系，依据外观特征的糙米种类和精米种类、垩白的发生与分类。第 9 章围绕影响稻米外观与食味的最重要环境因素——温度进行阐述，包括高温对淀粉体形态、淀粉及胚乳成分、稻米食味与外观特性的影响，高温障碍的机理，低温影响及相应的应对策略。

　　第 10 章和第 11 章是方法部分，其中第 10 章介绍了有关淀粉及食味特性的测定方法与注意事项，包括表观直链淀粉含量、支链淀粉分支构成、超长链及稻米食味的感官评价等；第 11 章从育种和栽培两方面提出了稻米外观与食味改良的基本方法。总体上，本书内容对于稻米品质改良研究者的工作还是大有裨益的。

限于作者研究层次还不够深入，所以本书编著结合。在编写本书过程中，得到相关著者的同意，其中大量参考了日本财团法人北农会的《お米の味》（1982 年）、日本精米工业会和株式会社 kett 科学研究所《Rice meseum ライスミュージアム お米の品質評価テキスト》（2002 年）、扬州大学王忠教授的《水稻的开花与结实：水稻生殖器官发育图谱》（2015 年）、日本秋田县立大学 Yasunori Nakamurara 的 *Starch Metabolism and Structure*（2015 年）等著作的内容，深表感谢。书中的其他图表，已经尽可能标明了来源出处，在此一并对这些研究者的杰出工作表示诚挚的谢意。

由于编者的水平有限，对于一些问题的阐释并不十分透彻，挂一漏万，甚至谬误之处也还存在，希望读者不吝赐教，以便再版时一并改进。

编　者

2020 年 7 月

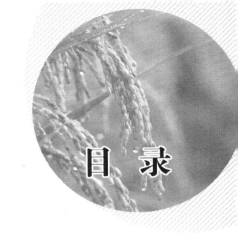

目　录

序

前言

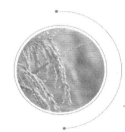

第1章
稻米结构与成分

1.1 稻谷结构

从植物学上讲，收获的稻粒是一个包含3朵小花的小穗，其中只有中部一朵小花发育，下部两朵小花退化，各剩下一个退化外颖（稃）。这样，从小穗的基部看，其组成部分依次为第一退化颖片、第二退化颖片、第一退化花外稃、第二退化花外稃，以及正常小花的内稃、外稃（彩图1-1）。除光壳品种外，内外稃表面都有稃毛。部分品种外稃稃尖延伸为芒。稃壳色泽主要有秆黄、黄、橙黄、褐斑秆黄、褐、赤褐、紫褐、紫黑、银灰、褐等（彩图1-2），但其与糙米色泽并没有对应关系。糙米色泽也非常丰富，主要有白、黑、红等，主要是种皮积累花青素的结果。色泽是区别不同品种的重要特征之一。

发育小花内部为一粒颖果（糙米），糙米实际是植物学上的种子。糙米形状受内外颖构筑的空间控制。内外颖侧面钩合，并在钩合处向内凸出，使得糙米两侧各有一条凹槽（图1-1）。从形状看，粳型糙米一般呈阔卵形（图1-2），籼型糙米一般表现为细长形。但随着育种面向市场发展，粳稻中已经出现很多似籼稻的长粒类型，如黑龙江的稻花香，其精米粒长超过6 mm。稻花香的出现，引领北方粳稻由短圆粒向中长粒方向发展。普通糙米外观一般呈现半透明，但又由于直链淀粉含量的多少或胚乳中垩白的有无而表现出不同特征，如日本酿造用酒米的糙米（图1-3左）与普通糙米

（图 1-3 右）相比有较大心白、干燥后的糯米呈乳白色不透明状态
（图 1-3 中）等。直链淀粉含量较低的糯米或半糯性糙米（我国一
般称为软米）外观随含水量变化而变化，呈现透明、浊化、乳白不
透明的系列渐变特征，一般称为蜡质胚乳或粉质胚乳。

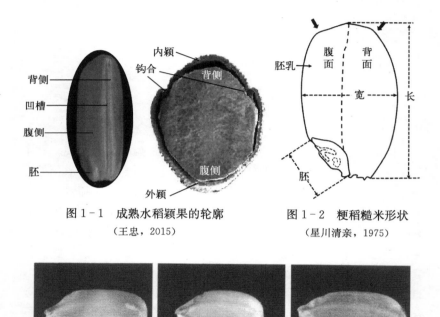

图 1-1　成熟水稻颖果的轮廓
（王忠，2015）

图 1-2　粳稻糙米形状
（星川清亲，1975）

图 1-3　不同糙米的外在形态
（由左至右分别是酒米、糯米、普通糙米，《稻作大百科》，2004）

种胚位于米粒腹面基部，（内）胚乳由众多薄壁细胞构成。稻
谷各组分厚度及质量百分数总结如表 1-1 所示。根据表 1-1 的稻
谷各部分组成百分比，可以计算出完全碾精时一般精米比率占干重
的 70% 左右。当然，由于籼稻籽粒细长，其精米率偏低（一般籼
稻精米率比粳稻低 10 个百分点左右）。若碾精程度不够，如分别去

掉糙米的 5％、7 ％，称为五分碾精和七分碾精，则会在米粒表面残存糠层（图 1－4）。这样的碾精程度，由于保留了一部分糊粉层，增加了稻米营养。

表 1－1　稻谷籽粒各组成部分的厚度和质量

（《稻米深加工》，2004）

生物学结构	厚度（μm）	质量（干重，％）
谷壳	24～30	16～20
果皮	7～10	1.2～1.5
种皮	3～4	
糊粉层	11～29	4～6
胚		2.0～3.5
胚乳		66～72

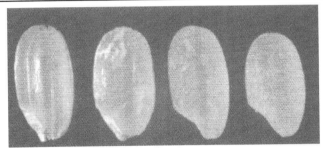

图 1－4　糙米与五分碾精、七分碾精、完全碾精精米的外观比较

（日本精米工业会等，2002）

剔除破碎粒的精米称为整精米。若米粒腹部、中心或边侧部位在发育期间淀粉粒等物质充实度不高、结构疏松则呈白色不透明状，谓之垩白。凡垩白大的籽粒，外观不佳，米质疏松，加工时易碎裂。蒸煮时垩白部位由于存在空隙而先塌陷，破坏了米粒的完整性。

1.2　糙米的显微结构

糙米自表皮开始到内部的胚乳在结构上存在差异，并随发育而变化。这些变化与籽粒外形变化有一定的协同性（图 1-5），本小节分别加以解析。

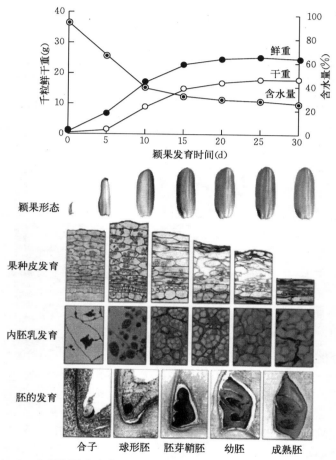

图 1-5　水稻颖果在发育过程中鲜重、干重、含水量、果种皮、胚和胚乳的变化

（王忠，2015）

从断面结构看，糙米由果皮、种皮、糊粉层、胚乳和胚组成。其中，由受精卵形成胚，由受精极核形成胚乳（包括糊粉层），由

珠被和珠心（主要是珠心表皮）形成种皮，由子房壁形成果皮（彩图 1 - 3）。

1.2.1 果皮和种皮

果皮与种皮几乎不可分，由厚约 $10\,\mu m$ 的数层细胞组成。果皮在米粒发育初期含有叶绿素，因而为绿色，成熟时叶绿素消失。一些品种的果皮和种皮细胞内含大量花青素（红色素、黑色素），其积累的多聚寡糖使糙米呈现不同的颜色，如红米、褐米、紫米、黑米等（彩图 1 - 4），但迄今未发现胚乳细胞含有色素的品种。

果皮位于糙米最表面，自外向内又可以分为上果皮、中果皮、内果皮。上果皮、中果皮较厚，有数层细胞，其最内 1～2 层细胞相对于粒纵轴垂直方向生长，所以称为横细胞；内果皮细胞与粒纵轴基本平行，呈纵向伸长，所以称为管细胞（彩图 1 - 5）。横细胞和管细胞最后成为木质化的纤维状。种皮在果皮内侧，为一层结构紧密、角质化的细胞，是内珠皮分裂伸长形成的一个薄层，往往与珠心表皮所形成的外胚乳愈合在一起。

1.2.2 糊粉层

糊粉层位于完熟籽粒种皮以下、胚乳最周边，腹面 1～2 层、侧面 1 层，特别是邻接背部通道组织的部分有 3～5 层（图 1 - 6）。根据星川清亲的研究，胚乳细胞分裂采取外层细胞先分裂并逐渐向内填埋的方式进行，因此最早分裂的细胞都成为胚乳细胞。就整个籽粒来看，在第 9 天最后停止分裂的胚乳组织最外层的细胞成为糊粉层，如果此时有两层正在分裂的细胞则都分化成糊粉层细胞。在背部的多层部分，从第 5 天开始，最外的 1～2 层细胞出现特异的形态，经 1～2 次分裂形成同样的细胞，这些细胞都成为胚乳细胞，而第 6 天左右分化的细胞则成为糊粉层细胞。

糊粉层细胞不贮藏淀粉，而是形成称为糊粉粒的贮藏体（图 1 - 7）。其中，糊粉粒贮藏有蛋白质颗粒、脂肪粒、酶等，是发芽时产生溶出胚乳贮藏物质的酶的重要场所。糊粉层细胞不像淀粉贮藏细胞一样肥大，由较厚的细胞壁相分割并通过细胞质联络。

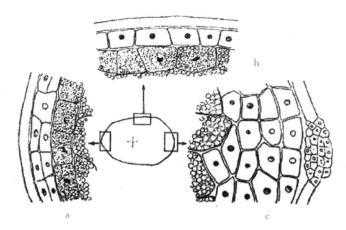

图 1-6　胚乳表层不同部位糊粉层的区别

（星川清亲，1975）

a. 腹面　b. 侧面　c. 背面（上部为表皮，中部为糊粉层细胞）

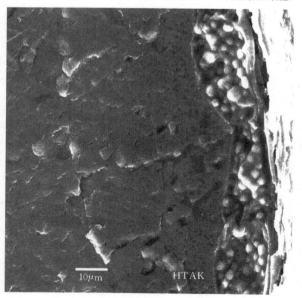

图 1-7　成熟糙米横切面

注：右侧为胚乳，左侧颗粒状物体为糊粉粒，品种为高温条件下的秋田小町。

1.2.3 胚乳

1. 胚乳细胞群的形成、排列

随着颖果的生长，胚乳逐渐形成最后的形态。胚乳细胞主要是由表层的细胞层，即形成层分裂而形成，但从表层开始的 2～4 层，甚至内层也进行细胞分裂。从频度上看，表层大约占 86%，内部占 14%，内部细胞的分裂可能会微调胚乳整体的状态。大约在第 10 天，形成自中心的放射状排列方式并维持到成熟（图 1-8）。

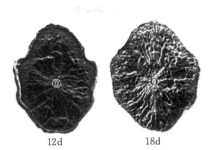

图 1-8　发育不同天数水稻颖果断面
（王忠，2015）
注：O 为胚乳中心点。

星川清亲认为，成熟日本粳稻种子的细胞层数从中心点到腹面大约有15～16 层，背面有 19～20 层，到侧面有 14～16 层，最外圈有 200 个细胞，观察纵切面，纵径大约有 150 个细胞。与腹径相比，背径的细胞层数多但厚度小，因此稻米的中心点与几何学的中心相比，偏向于腹侧。

陆稻各方向细胞层数都稍多一些。与粳稻相比，籼稻背腹径方向各减少 4～8 层和 2～3 层，但纵径方向多 20～30 层，甚至多100 层。

一般胚乳细胞数取决于开花后的最初 10 d 内，但胚乳细胞层数和生长发育环境存在密切关系。高温分裂速度快，低温分裂速度慢。在发育初期形成的胚乳细胞数目，与稻米的粒重存在密切关系。

对完熟糙米进行纵切，会发现不同部位胚乳细胞的形态也存在较大差异。中间部位的胚乳细胞像席子花一样横向生长，纵向几乎不生长。如果横切，则发现胚乳细胞沿背腹径方向伸长为棒状，但在边缘部位则成为扇形或多角形，中心部的细胞是小型化的（图 1-9）。这种形状的成因是随着籽粒的生长，颖果的扩大受到颖壳的限制而产生的。

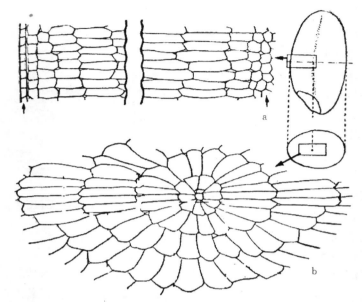

图 1 - 9　胚乳组织中由于位置不同而产生的细胞形状差异

（星川清亲，1975）

a. 粒腹纵断面　b. 中心部横断面

2. 淀粉体及米粉

淀粉体（amyloplast），又称造粉体，是高等植物细胞中含有淀粉颗粒的质体。由于水稻胚乳主要是淀粉，因此宏观上可以认为水稻胚乳被淀粉体所充满。

在胚乳发育的初期（花后 6 d），淀粉体呈球状或卵状，淀粉体间有间隙；发育中后期，淀粉体和其中的淀粉粒因相互挤压呈多面体形（图 1 - 10）。在胚乳的不同部分，淀粉体排列又不相同（图 1-11）。充实较好的背部，淀粉体为排列致密的多角形，颗粒间几乎没有空隙；而腹部胚乳细胞淀粉体往往大小参差不齐，排列疏松，形状为圆球形。腹部是容易形成垩白的部位（图 1 - 12），甚至由于发育不良，这些部位在收获后的颖果中仍表现为处于发育状态淀粉体（图 1 - 13a）。胚乳细胞形态也与发育时环境温度有关，

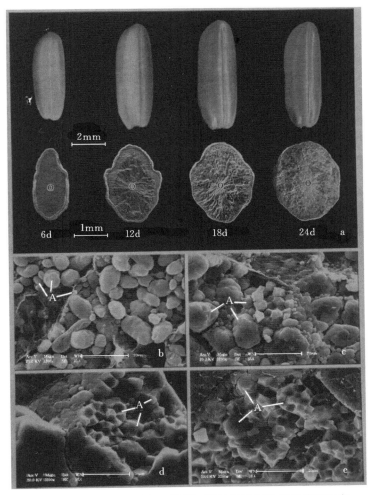

图 1-10　水稻糙米形态、横断面的结构及胚乳淀粉体的发育

（王忠，2015）

a. 上排为花后 6 d、12 d、18 d 和 24 d 的水稻糙米；下排为花后 6 d、12 d、18 d 和 24 d 的糙米横断面扫描电镜照片　b～e. 胚乳淀粉体的形态和发育：花后 6 d（b）；花后 12 d（c）；花后 18 d（d）；花后 24 d（e）

注：籼稻品种为扬稻 6 号。A 为淀粉体；O 为胚乳中心点。

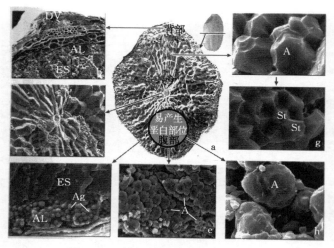

图 1-11　水稻不同部位的淀粉体形态

（王忠，2015）

　　a. 水稻糙米横断面　b. 糙米背部，示背部维管束和糊粉层　c. 胚乳中心点，细胞呈放射状排列　d. 腹部糊粉层　e. 腹部胚乳细胞，淀粉体呈球形　f. 背部胚乳细胞的淀粉体，充实度好、排列致密，呈多面体形　g. 示淀粉体中的淀粉粒　h. 腹部淀粉体充实不良，淀粉粒呈球形，粒间空隙大

　　注：A 为淀粉体；O 为胚乳中心点；Ag 为糊粉粒；AL 为糊粉层；DV 为背部维管束；ES 为内胚乳。

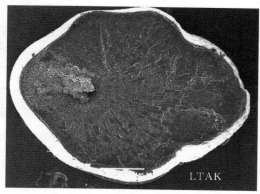

图 1-12　糙米横切面

注：腹部胚乳积累松弛，易形成垩白，品种为秋田小町。

当环境温度较高，胚乳细胞可能呈现畸形，甚至上面出现疑似被分解的凹槽（图 1-13b）。

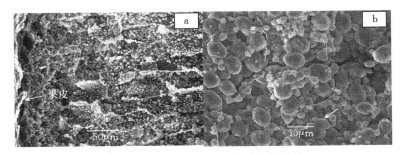

图 1-13　高温形成的稻米腹部淀粉粒

注：线状物为胚乳细胞壁；a 图靠近果皮，胚乳细胞内的淀粉体发育不充分；b 图靠近胚乳中心，淀粉体虽有较大体积，但淀粉粒为圆球形，表面有凹槽和黑色箭头所指的畸形淀粉体。

胚乳虽然是由淀粉体构成，但大米加工粉碎时，由于机械差异，粉碎的方法、条件等不同，实际形成了由各种淀粉团形成的米粉（图 1-14）。用电子显微镜可以看到，米粉中大的淀粉团有 40 μm，

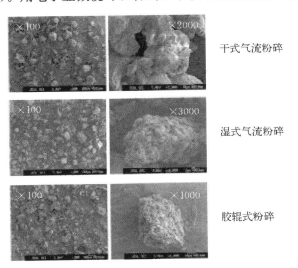

干式气流粉碎

湿式气流粉碎

胶辊式粉碎

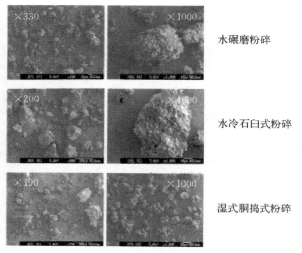

水碾磨粉碎

水冷石臼式粉碎

湿式胴捣式粉碎

图 1-14 不同粉碎机下的淀粉团粒形
(藤井智幸 等，2012)

像树脂一样对齐在一起。并且，由于加工时的冲击，米粉的多面体角状变圆，粒子表面变得光滑。

3. 蛋白质体

蛋白质是稻米胚乳中继淀粉后的第二大类贮藏物质，一般占颖果干重的 8%～10%，最高可达 22%。按蛋白质的功能可以将其分为两大类：①作为种子贮藏物质的贮藏蛋白（storage protein）；②维持种子细胞正常代谢的结构蛋白（structural protein）。结构蛋白虽然种类多，但含量极少，因而水稻颖果中绝大多数是贮藏蛋白。根据蛋白质的溶解性又分为 4 类：①清蛋白（akbumin），溶于水、稀酸溶液的水溶性蛋白；②球蛋白（globulin），不溶于水，溶于 0.4 mol/L 的盐溶液；③醇溶蛋白（prolamin），不溶于水，溶于 70%～80% 乙醇的蛋白质；④谷蛋白（glutelin），不溶于水、盐、乙醇，但能溶于酸或碱的蛋白质。水稻颖果中谷蛋白质最多，约占胚乳蛋白质的 80%，而醇溶蛋白、清蛋白和球蛋白分别占 5%、5% 和 10%。

贮藏蛋白主要以蛋白质体（protein body，PB；以下简称蛋白体）的形式存在于胚乳细胞中，并随颖果的发育而变动。蛋白体是一种由单层膜包裹蛋白质的亚细胞结构，其主要成分除蛋白质外，还含有少量的植酸和植物凝集素。对于水稻蛋白体的分类历来说法各异，但部分学者将蛋白体分为两类：蛋白体 1（protein body 1，PB_1 或 PBⅠ）和蛋白体 2（protein body 2，PB_2 或 PBⅡ）。PB_1 由粗糙型内质网发育而来，多数呈球形，电镜下染色较浅，表面有核糖体或多聚核糖体附着。PB_2 由蛋白贮藏液泡（protein storage vacuole，PSV）积累蛋白质形成，形状不规则，体积较大，电子密度较高。二者的性质和合成过程存在明显的差异（表 1 - 2、图 1 - 15）。由于淀粉体的发育，蛋白体被挤在淀粉粒的缝隙中。糙米不同部位的蛋白质多寡存在明显不同，在同一颖果中，处在不同部位的胚乳细胞的大小、蛋白质与淀粉的比例也不同。近胚乳边缘的淀粉体虽小但其中的蛋白体大而多，可以发现蛋白体明显分布于淀粉体周围，并且蒸煮时不能分解（图 1 - 16）；而中部的淀粉体较大，但其中蛋白体较小，这些小的蛋白体与淀粉体黏接在一起。

表 1 - 2 水稻胚乳两类蛋白体的特性

（王忠，2015）

差异点	蛋白质类型	
	PB_1	PB_2
形成起始时间和部位	花后 10 d，粗面内质网	花后 5 d，粗面内质网与蛋白贮藏液泡
形态结构	球状，剖面呈同心圆片层结构，染色浅	不规则椭圆形，内部质地均一，染色深
蛋白质的种类和含量	主要为醇溶蛋白，约占 5%	主要为谷蛋白，约占 80%
蛋白质的亚基成分	有 3 种亚基：相对分子质量分别是 13 ku、10 ku 和 16 ku	有 3 种酸性亚基（37～39 ku）与 2 个碱性亚基（22～23 ku），这些酸性或碱性亚基是由 57 ku 前体裂解形成
主要理化特性	物理性能强，不被蛋白酶消化	物理性能弱，易被人体消化吸收

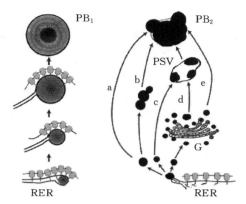

图 1-15　水稻胚乳中两类蛋白体及其形成模型

（王忠，2015）

a. 粗糙内质网-蛋白小体-蛋白体途径　b. 粗糙内质网-蛋白小体-蛋白小体群-蛋白质途径　c. 粗糙内质网-蛋白小体-蛋白贮藏液泡-蛋白体途径　d. 粗糙内质网-高尔基体加工-蛋白贮藏液泡-蛋白体途径　e. 粗糙内质网-高尔基体加工-蛋白体途径

注：G 为高尔基体；PB₁ 为蛋白体 1；PB₂ 为蛋白体 2；PSV 为蛋白贮藏液泡；RER 为粗糙内质网。

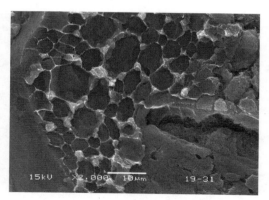

图 1-16　煮好米饭边缘的扫描电镜横切面

注：白色球状物为没有被分解的蛋白体，19-31 为材料编号。

4. 脂肪

颖果中脂类积累的部位是糊粉层细胞和盾片细胞。积累脂类的细胞器为圆球体（spherosome），主要成分为中性脂肪。内胚乳细胞不积累脂类。圆球体是直径 $0.4 \sim 3.0\ \mu m$ 的球形细胞器，圆球体积累脂肪后，内含 40% 以上的油类，故也称为油体（oil body）。花后 10 d，在糊粉层细胞中已能见到电子染色较浅的圆球体（图 1-17a），其后数目增加，电子密度增高，此时圆球体已占满了糊粉层细胞；花后 15 d，圆球体变小，分布在糊粉粒周围（图 1-17b）。随着颖果发育，圆球体的电子染色加深（图 1-17b、c）。圆球体的数目要比糊粉粒的多，而体积比糊粉粒小，由图 1-17 的标尺可见，圆球体的直径不超过 $2\ \mu m$，而大的糊粉粒的直径可达 $5\ \mu m$。

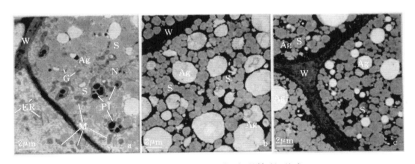

图 1-17　水稻颖果中球形体的形成

（王忠，2015）

a. 花后 10 d 的糊粉层细胞超微结构　　b. 花后 15 d 的糊粉层细胞超微结构　　c. 花后 20 d 的糊粉层细胞超微结构

注：Ag 为糊粉粒；ER 为内质网；G 为高尔基体；M 为线粒体；N 为核；PI 为含有淀粉粒的质体；S 为圆球体；W 为细胞壁。

1.3　稻米的化学成分

糙米的化学成分构成与含量因品种、栽培条件等而存在不同，精米中化学物质含量又与碾精程度存在密切关系。无论稻谷还是精米，碳水化合物都是最主要的组成成分。精白米碳水化合物占干重的比例在90％左右，然后依次是蛋白质、脂质、灰分，无机物和维生素的含量均较少（表1-3）。

表1-3　100 g不同状态稻产品可食用部分的化学成分

（《米の科学》，1995）

食品名				糙米	五分碾精	七分碾精	精白米	胚芽精米
废弃率				0	0	0	0	0
能量			kJ	1 469	1 477	1 490	1 490	1 481
水分			g	15.5	15.5	15.5	15.5	15.5
蛋白质				7.4	7.1	6.9	6.8	7
脂质				3	2	1.7	1.3	2
灰分				1.3	0.9	0.8	0.6	0.7
糖质				71.8	73.9	74.7	75.5	74.4
纤维				1	0.6	0.4	0.3	0.4
维生素	维生素 A	视黄醇	μg	0	0	0	0	0
		胡萝卜素		0	0	0	0	0
		效价	UI	0	0	0	0	0
	维生素 B$_1$		mg	0.54	0.39	0.32	0.12	0.3
	维生素 B$_2$			0.06	0.05	0.04	0.03	0.05
	烟酸			4.5	3.5	2.4	1.4	2.2
	维生素 C			0	0	0	0	0
无机质	钠		mg	2	2	2	2	1
	钾			250	170	140	110	140
	钙			10	8	7	6	7
	磷			300	220	190	140	160
	铁			1.1	0.8	0.7	0.5	0.5

　　分析表1-3，总体可以得出：①糙米的营养一般要优于精白米，含有较多的蛋白质、脂质、维生素、矿物质等，但也含有较多

较粗糙的纤维素类多糖，因而口感稍差；②稻米中含有较多的淀粉、蛋白质及磷、钾，但维生素 A、维生素 C、维生素 D 及铁、钠较缺乏，粗纤维也较缺乏。

即使同一种成分，其含量也因品种、栽培条件、气象因素等而存在差异。平宏和等（1979）在糙米碾精率为（92±0.5)％的条件下，测定了日本宫城县 3 个品种 9 个点次糙米与精米除淀粉外的化学成分含量，平均值见表 1-4。

表 1-4 糙米与精米的化学成分组成

（平宏和等，1979）

类型	百克干重（g）					百克干重（mg）		
	蛋白质	粗脂肪	结合脂肪	全脂肪	灰分	磷	钾	镁
糙米	7.95	2.75	1.06	3.81	1.47	343	269	135
精米	7.26	0.96	0.94	1.91	0.72	178	121.3	63.3

1.4 稻米的营养价值

食品营养主要是根据蛋白质营养价值决定的，即根据食品中各种蛋白质含量及相互平衡来决定。在氨基酸中存在人类不能合成的氨基酸称为必需氨基酸，如异亮氨酸、亮氨酸、赖氨酸、苯丙氨酸、蛋氨酸（甲硫氨酸）、苏氨酸、色氨酸、缬氨酸 8 种氨基酸。必需氨基酸的含量及其组成是考虑蛋白质营养价的重要因素。根据必需氨基酸含量评价蛋白质营养价有多种方法，包括生物价、蛋白价、化学得分等。

假定一种标准型蛋白质，它的氨基酸组成恰好被人类全部吸收，因而是营养平衡的，然后将食物中的必需氨基酸与之进行比较来评价蛋白质营养，称为蛋白价。从表 1-5 可见，大米的蛋白价比牛肉低，但比鲽鱼高，比大豆、小麦粉等植物性食品高得多。因此，大米是植物性食品中最好的。

1 g 大米的赖氨酸含量为 209 mg，与标准蛋白质（270 mg）相比较少，占 77％，所以其蛋白价是 77，赖氨酸也是第一限制氨基

表 1-5 必需氨基酸含量与蛋白质化学分数（蛋白价）

（稻津脩等，1982）

必需氨基酸	含量（mg/g）								
	标准蛋白质	牛乳	牛肉	鰈鱼	大米	小麦粉（强力粉）	大豆	马铃薯	鸡蛋
异亮氨酸	270	330	301	311	279	238	300	230	330
亮氨酸	306	593	550	519	519	440	449	395	531
赖氨酸	270	484	570	619	209	130	429	329	438
苯丙氨酸	180	286	278	239	288	290	329	197	320
蛋氨酸（甲硫氨酸）	270	198	214	169	279	207	151	132	384
苏氨酸	180	264	278	289	221	161	270	230	290
色氨酸	90	88	81	75	77	73	92	99	98
缬氨酸	270	418	340	350	375	280	309	362	408
蛋白价	100	74	79	62	77	48	55	47	100

酸。第二限制氨基酸是色氨酸，含量为 77 mg，相对于标准蛋白质（90 mg）是 85%。

生物价就是吃进去的食物中的氮与体内保留氮的百分比，可以用下式表示。

$$生物价＝体内保留的 N/体内吸收的 N×100$$

动物性食品蛋白质的生物价比植物性食品蛋白质的生物价要高得多，但其中也有低于大米的（表 1-6）。而大米的生物价比小麦、玉米要高得多，在植物性食品中是非常优良的蛋白质源。

表 1-6 食品蛋白质生物价

（稻津脩等，1982）

动物性食品	生物价	植物性食品	生物价
牛肉	100	大米	88
牛乳	100	马铃薯	79
鱼肉	95	菠菜	64

（续）

动物性食品	生物价	植物性食品	生物价
蟹肉	79	豌豆	56
酪素	70	小麦	40
		玉米	30

综上可见，从生物价、蛋白价来看，大米是蛋白质营养价值最高的，接近于动物性食品的植物性食品。

参 考 文 献

陈国珍，2012. 稻麦幼穗分化发育. 广州：广东高等教育出版社.

王忠，2015. 水稻的开花与结实. 北京：科学出版社.

姚惠源，2004. 稻米深加工. 北京：化学工业出版社.

应存山，1993. 中国稻种资源. 北京：中国农业出版社.

石谷孝佑，大坪研一，1995. 米の科学. 东京都新宿区新小川町 6 - 29：朝仓书店：13 - 77.

平宏和，平春枝，佐野稔夫，1979. 宫城县产水稻玄米とその精白米の化学成分组成. 日作纪，48（1）：25 - 33.

日本精米工业会，株式会社 kett 科学研究所，2002. Rice museum. 东京都大田区南马込 1 - 8 - 1：5 - 13，27 - 33.

农山渔村文化协会，1991. 稻作大百科. 赤坂 7 - 6 - 1：农山渔村文化协会：3.

藤井智幸，庄子真树，2012. 米粉的微细构造. 应用糖质科学，2（2）：92 - 96.

星川清亲，1975. 解剖图说：水稻的生长. 赤坂 7 - 6 - 1：农山渔村文化协会.

稻津脩，佐々木忠雄，新井利直，1982. お米の味. 北海道：北農会，11：3 - 4.

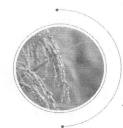

第 2 章
稻米食味的内涵及其影响因素

2.1 食味的概述

　　稻米食味是人类在食用米饭时，基于视觉、听觉、嗅觉、味觉、触觉的感官判断，形成对米饭好吃与否的综合价值评价。稻米食味的评价结果总体上与食用者文化、习惯、嗜好及当地的栽培作物、饮食习惯等有关，因此不存在绝对好吃美味的大米。日本学者竹生新治郎先生总结了对粳稻食味的评价标准，他认为，美味的米饭应是色白、有光泽、粒形完整（视觉）、咀嚼时几乎没有声音（听觉）、有风味（嗅觉）、多次咀嚼风味不变、有油质性的甜味而近似无味的感觉、长时间咀嚼甜味不消失（味觉）、温润柔滑、有黏力和弹力（触觉）。但上述各种因素在食味中的权重有所不同。根据我国 GB/T 15682—2008《粮油检验 稻谷、大米蒸煮食味品质感官评价方法》，各因素的权重如图 2-1 所示。这一标准将米饭的黏性和弹力综合为适口性。

　　一般地，食物味道由甜

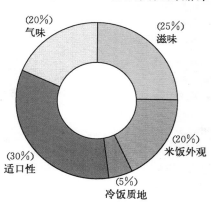

图 2-1　稻米食味的构成要素及权重
（数值为权重百分数）

味、酸味、苦味、咸味 4 种原味及其组合而表现出来。人们往往将食物的味道想定为是由这 4 种呈味物质的不同组合所表现，但米饭的味道与面包、意大利面条、薯类相比，几乎是无味的。米饭味道更多地体现为咀嚼时感知的物理性质。

　　咀嚼运动可以分为咬断、粉碎、擂溃 3 个作用。咬断，主要是食物进入口腔后，被切割成适当的大小；粉碎是指在口腔内将食物嚼碎；擂溃是指将嚼碎的食物与唾液很好地混合，使之成为黏性半流体，从而能够进入消化道。

　　人类在咀嚼时，牙齿的位置和咬合压因食物的物理性质不同而不同（图 2-2），不同的牙齿咬合位置给予咀嚼对象不同的作用力。咀嚼硬的食物的时候，上下齿垂直咬合压在 30 kg/cm²；与此相对，咀嚼较软的像饭一样柔软的食物时，5 kg/cm² 咬合压就能充分将目的物擂溃、粉碎。

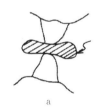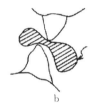

a　　　　　　　　　　　　b　　　　　　　　　　　　c

图 2-2　咀嚼不同质地食物时牙齿的位置

（稻津脩等，1982）

　　a. 咬硬的食物时牙齿位置（如肉、干面包）　b. 咬中等硬度食物时牙齿位置（如蛋糕、葡萄干）　c. 咬软的食物时牙齿的位置（如饭、果冻）

　　一般来说，将饭吞进口腔至下咽需要 6～9 次咀嚼活动（图 2-3），其中 1～3 次为咬断粉碎，可对硬度、弹力、黏力、凝集性和附着性加以评价；4～6 次是粉碎阶段，对凝集性、黏力、附着性、咀嚼性进行评价；7～9 次是擂溃阶段，对咀嚼性、胶着性进行评价。但这种咀嚼活动是与副食种类、吃饭时的环境、健康状态等有很大的不同，所以难以统一界定。而饭的物理特性多可以经过 1～3 次咀嚼而做出判断。因此，对于米饭食味评价，饭在口腔内被破坏

图 2-3　咀嚼米饭时的评价模型

(稻津脩等，1982)

a. 咀嚼初期的评价：第 1～3 次咀嚼，咬断，评价①硬度；②弹力；③黏度；④凝集性；⑤不着性　b. 咀嚼中期的评价：第 4～6 次咀嚼，粉碎，评价①附着性；②黏性；③凝集性；④咀嚼性　c. 咀嚼后期的评价：第 7～9 次咀嚼，并和唾液混合，捣溃，评价①咀嚼性；②胶性；③附着性

或者嚼碎初期的感觉是最重要的，与此相伴的是饭的硬度、弹力、黏力、凝集性、附着性等特性。这些特性在我国统称为适口性。

　　综上所述，在利用五感对食味进行判断时，最重要的是感知到的触觉特性，即咀嚼时体会到的适口性。因此，饭的硬度、黏性等物理要素对食味有重要的决定作用。

2.2　米饭的物理特性——黏弹性

　　在感官品尝试验中，通过试食者咀嚼活动，得出米饭黏弹性等物理特性的主观评价。就一份具体的米饭样品而言，其受不同试食者价值评判尺度差异影响，因此必须通过大量试食者品尝，计算平均值才能得出较客观的结果。而且，由于评价者感官疲劳，一次能够评判的样品量较少。

　　利用质构仪对米饭进行测试，可以得出数字化的米饭物理特性（物性）表达结果，这一结果不依赖于人，其重演性与客观性较强。质构仪有不同的型号，但结构基本相似，主要由压缩测试装置（驱动模块）和控制装置（控制器模块）组成（图 2-4）。质构仪测试时，首先由驱动模块的探头测定出米饭的初始厚度，即：咀嚼时触觉的触发点，然后通过电脑控制探头匀速对试样进行压缩、拉伸操作，同时给出了相对于不同的外力引起的目标物形变参数及探头运动轨迹，这些参数描述了被压缩物所受到的压力、弹力、形变路径等系列物理参数，如表 2-1 所示。一些质构仪可以设定不同的压缩比例，即通过 TPA 程序对米饭进行连续两次压缩。第一次压缩时，被压缩部分又有一部分被弹回，因此其测定的实质是米饭表层的物理参数。在此基础上，进行第二次压缩时，相当于用力将米饭压碎，可以认为是对整个米粒物理特性的测定。但是，一般质构仪两次压缩比例相同，而日本竹生公司的质构仪可以设定两次不同的压缩比例（图 2-5），这极大提高了对米饭物性的评价能力（冈留博司等，1996，1998）。

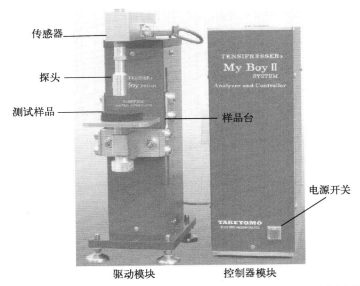

图 2-4 日本竹生电器株式会社的 "My boy system Ⅱ" 型米饭质地分析仪测定装置

质构仪测定参数及意义如表 2-1 所示。硬度是使米饭发生形变要消耗必要的力，是压缩米饭的力的反作用力。与硬度联系密切的词是弹性率。所谓的弹性率是指在弹性限度内加的力与所产生的形变的比例。

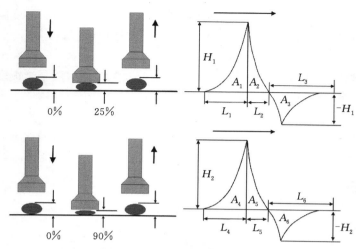

图 2-5 质构仪测试原理解析

注：示低（25%）高（90%）压缩饭粒形变与压缩头受力轨迹，其中 H_1、L_1、A_1 分别表示压缩峰值的力、压缩峰值的距离、面积，为低压缩的硬度度量；$-H_1$、L_3、A_3 分别表示黏力、附着量、附着性，是低压缩的黏度度量；H_2、L_4、A_4 分别表示压缩峰值的力、压缩峰值的距离、面积，为高压缩的硬度度量；$-H_2$、L_6、A_6 分别表示黏力、附着量、附着性，是高压缩的黏度度量（冈留博司等，1998）。

表 2-1　质构分析仪用语及其意义

项目	定义	代表性食品	
		大	小
硬度（Hardness）	使食品变形所需要的必要的力	煎饼	布丁
凝集性（Cohesiveness）	构成食品形态的必要的内部结合的力	糯稻	豆腐
黏性（Viscosity）	液体由于单位的力流动的程度	果饴	炒栗子
弹力性（springiness）	由于外力发生变形，撤掉外力之际恢复原来状态的性质	面包	羊肝
附着性（Adhesiveness）	食品的表面和其他物体的表面相附着状态，分离时所需要的力	牛奶糖	鱼糕
脆性（brittleness）	破碎必要的力	饼干	口香糖

（续）

项目	定义	代表性食品	
		大	小
咀嚼性（Chewiness）	吞入固体所需要的必要的咀嚼所需要的能量（硬度×凝集性）	肉	豆腐
胶着性（Gummiess）	到能吞入状态所需要的必要的能量（硬度×凝集性×弹力性）	鱿鱼	豆腐

在一定的外力情况下，弹性率大的东西弹性形变小，弹性率小的东西弹性形变大。也就是说，弹性率高的东西硬度大，而弹性率低的东西硬度小。例如，橡胶，加了外力变形，剔除后迅速恢复原状；与此相对，像饴糖，施加外力后其也像橡胶一样变形，但撤掉力后却不能恢复原状。也就是说，给饴糖加了力只能在平板上流动，却不能恢复原状，像橡胶一样具有弹性的物体，称为"弹性体"或者"固体"，具有像饴糖一样发生"流动"的物体的性质称为"流体"或者"黏性体"。

大约 300 年前，英国的学者罗伯特·胡克发现了固体变形和所需要的力之间的关系的法则

$$力 = k \times [形变距离]$$

这个比例的定数 k 就是弹性率（劲度系数），形变距离即发生形变时行走距离。也就是说，弹性率大的东西引起形变（如弹簧拉伸的距离）所要的力就较大。在评价米饭时所说的硬的米饭是食味不良的，这个含义中，有时将饭粒的弹性率大与饭粒的弹力性大混淆了，实际上米饭较硬是弹性率大而弹力小。

黏性是流体流动时，抵抗流动性的内部的摩擦力。可以定义一个黏性系数 η 来对黏性加以理解。两个平板，假如在重量为 A 的上侧平板上给以 F 大小的力时，液体以 v 恒速流动，其速度梯度表示为 $\mathrm{d}v/\mathrm{d}x$ 则摩擦力也是 F，其值为

$$F = \eta A \frac{\mathrm{d}v}{\mathrm{d}x}$$

则有 $f\left(\dfrac{\mathrm{dyne}}{\mathrm{cm}^2}\right)=F/A=\eta\dfrac{\mathrm{d}v}{\mathrm{d}x}$

这个比例数 η 就是黏性率或者称黏性系数（图 $2-6$）。

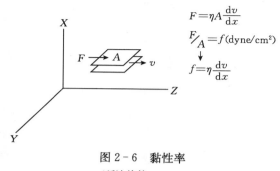

图 $2-6$　黏性率

（稻津脩等，1982）

饭或者饭粒是弹性形变的同时又发生黏性形变的物体。但不论怎样，评价饭的食味时用的黏性率与黏性的印象相当不同，所以仍然采用像表 $2-1$ 一样用表示附着性的概念术语来表示黏性更好。用黏性、硬度等物理特性值来判断米饭的食味特性时，大概的意思很明了。但是，为了体现再现性，在进行质构参数测定时，一般使用饭粒进行测定可能更好。

凝集性是使食品保持固有形态所需的内部结合力。糯米因为凝集力大，外部给以一定的力变形，但保持原来形状的力发挥作用，即使作用几次也会复原。相反，凝集力小的，如羊肝羹等加以一定的外力会变形，但恢复原有状态的力没有发生作用。

2.3　淀粉的糊化

2.3.1　淀粉的润胀

通常，煮饭分为洗米、浸泡、煮、蒸、烧或者是这几个步骤的复合。在这些操作中，米中加水加热，可以说是用 65% 的外在水调理具有 15% 左右内在水的大米的过程。煮饭过程实质是水分子向淀粉构成成分的直链淀粉、支链淀粉的网眼结构中浸入、结合，并最终导致米粒糊化的过程。

虽然淀粉在冷水中不溶解，但水分子可以简单地进入淀粉粒的非结晶部分，与许多无定型部分的亲水基结合或被吸附。所以，洗米、浸泡实际主要是使米粒润胀（膨润），即淀粉颗粒在水中膨胀。淀粉颗粒由于吸水而膨胀，称为润胀。润胀又分为两种：淀粉轻微膨胀后，经分离并处理达干燥状态，淀粉粒能缩回至原来大小的称为可逆润胀。这时，淀粉粒实际仅缓慢吸收少量水分，只有体积的增大，仍保持原有的特征和晶体的双折射，在偏光显微镜下观察，仍可看到偏光十字，说明淀粉粒内部晶体结构没有变化。可逆润胀起始于淀粉团粒中组织性最差的微晶之间无定形区，多数淀粉颗粒体积增大具有不均衡性，长向和径向的增大不等，如马铃薯长向增大 47%，径向只增多 29%。不可逆润胀是指虽经处理，仍然不能缩回原来状态的润胀。这时，淀粉粒的晶体崩解，偏光十字消失，变成杂乱无章状态，无法恢复原有的晶体状态。

因为淀粉糊化，首先是润胀，进一步加热就溶解。这种润胀因淀粉种类的不同而存在差异。润胀状况对了解糊化程度和它的特征是重要的。测定方法是淀粉在多量的水中悬浊，一定温度加热 30 min，然后离心，除去水相分离沉淀物，用相当于干淀粉 1 g 的沉淀物重量来表示。这个值和饭的吸水量有密切关系。

受损伤的淀粉和某些经过改性的淀粉粒可溶于水，并经历一个不可逆的润胀。

2.3.2　淀粉糊的形成及糊化的概念

因淀粉不溶于水，将其倒入冷水中，只能形成混合物。混合物经搅拌变成乳白色不透明的悬浊液，称为淀粉乳。停止搅拌淀粉乳，则淀粉乳中的淀粉颗粒慢慢下沉，经过一段时间后，淀粉沉淀于下部，上部为水。但若将淀粉乳加热，淀粉颗粒吸水膨胀，初期发生在无定形区域，而结晶束区域具有弹性，仍保持颗粒结构。随温度上升，吸水更多，体积更大，达到一定温度后偏光十字消失。温度继续上升，淀粉粒继续膨胀，体积可达原体积的几十甚至数百倍。高度膨胀的淀粉粒间互相接触，变成半透明黏稠状液体，虽停止搅拌也不会发生沉淀，称为淀粉糊。这种由淀粉乳转化为淀粉糊的现象称为淀粉的糊化（gelatinization）。淀粉非结晶质部分存在很多分子间微小空隙，光的透过不是十分充分，几乎全部被反射，因此淀粉纯白。淀粉糊化进行，水分子进入而膨润、溶解，淀粉的颜色消失而变透明。淀粉糊并不是真正的溶液，而是由膨胀淀粉粒的碎片、水合淀粉块和溶解的淀粉分子组成的胶状分散物。

从能量来看，煮饭过程中，由于热能，淀粉胶粒的网眼状结构变得不稳定。在热能的作用下，米中加入过量的水，而活泼活动的水分子扩大了这个网眼结构并进入其中，形成氢键结合，这就是糊化（图 2-7）。

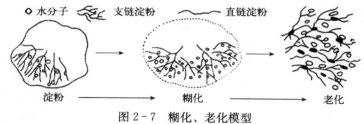

图 2-7　糊化、老化模型

（稻津脩等，1982）

注：淀粉受热，水分子进入淀粉的网眼中，形成氢键结合淀粉糊化。当温度降低时，氢键固化，便是老化，老化中的黑点表示淀粉中恢复了部分结晶性结节。

淀粉体中，淀粉分子通过氢键相互结合，其中结晶部分保有1~2 个结晶水。像这样具有紧密结构的米粒中的淀粉是不溶于水的。如图 2-8a 所示，淀粉中由于葡萄糖的 OH 基被相互的氢键结合，所以淀粉分子内部结合力较强，难于接受消化酶的作用。相反，淀粉糊化时淀粉分子链间加入水分子，相互的间隔不规则的充分扩张，成为容易接受消化酶的状态。如图 2-8b 所示，在葡萄糖的 OH 基之间加入了若干个水分子（H_2O）的间接结合，这个氢键就较弱。这种结合经常在说明 18% 的平行水分值的地下淀粉时被采用，但是糊化淀粉中存在的结合状态水分子约有 72%，因此除掉上述 3 倍以上的水分子，才与以上相类似。

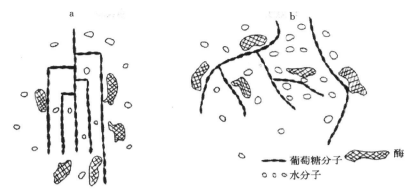

图 2-8　淀粉分子消化的难易

(稻津脩等，1982)

a. 支链淀粉分子分支间排列紧密，酶分子不容易进入，因而较难消化　b. 支链淀粉链间隔疏松、不规则，酶分子容易进入，因而易消化

注：老化中的黑点表示淀粉中恢复了部分结晶性结节。

　　食用刚刚煮好的饭，柔软而有黏性，如果凉了就会变硬，这是经验，此现象就是前述的淀粉或者水分子由于热能引起的运动变化而引起的。但是，这和冷却温度低、经过长时间而老化所引起的硬化没有黏性又不一样，在这一点上需要加以注意。

　　这种糊化现象由于淀粉的种类而存在明显不同，其原因主要是直链淀粉、支链淀粉的含量和分子构造存在差异。

2.3.3　淀粉颗粒糊化过程

　　淀粉颗粒糊化分为 3 个阶段，体现在炊饭过程（图 2-9）。第一阶段米状态，当淀粉粒在水中加热逐渐升温，水分子由淀粉的孔隙进入淀粉粒内，颗粒吸收少量水分，淀粉通过氢键结合部分水分子而分散，体积膨胀很小，淀粉乳黏度缓慢增加，淀粉粒发生可逆膨胀，其性质与原来无本质区别，淀粉粒晶体结构也没有发生改变。第二阶段炊饭状态，水温继续上升，达到开始糊化温度时，淀粉粒大量吸水，迅速伸长、扩张，偏光十字开始在脐点处变暗，淀粉分子间的氢键被破坏，从无定形区扩展到有秩序的辐射状胶束组织区，结晶区氢键开始裂解，分子结构发生伸展，其后颗粒继续扩展至巨大的膨胀性网状结构，偏光十字消失，这一过程属不可逆润胀，这时由于胶束没有断裂，所以颗粒仍然聚集在一起，但已有部分直链淀粉分子从颗粒中被沥滤出来，成为水溶性物质。当淀粉颗粒膨胀至体积最大时，淀粉分子之间的缔合状态已被拆散，淀粉分子或其聚集体经高度水化成胶体体系，黏度也增至最大。可以说，糊化本质是高能量的热和水破坏了淀粉分子内部彼此间氢键结合，使分子混乱度增大，糊化后的淀粉-水体系的行为直接表现为黏度增加。第三阶段饭状态，淀粉糊化后，继续加热膨胀到极限的淀粉颗粒，开始破碎支解，最终成胶状分散物，黏度也有所降低。因此，可以认为糊化过程是淀粉粒晶体熔化、分子水解、颗粒不可逆润胀的过程。

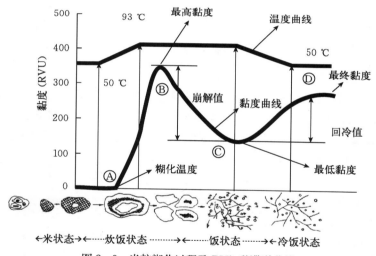

图 2-9　米粒糊化过程及 RVA 黏滞谱曲线

(稲津脩等，1982)

与水分子结合的糊化淀粉，温度越高淀粉分子活泼性越强，水和度低，因此不断地进行水分子的分离、集散。所以，糊化的淀粉，由于高温而黏性变小，所谓的柔软胶黏的状态。

从物理性来理解，水也具有黏性，也就是表现为 1.00×10^{-2} poise（20 ℃）的黏度，这个黏度是水分子运动时，由于分子引力而相互吸引引起的。水分子加热获得能量，水分子运动加剧，在各自的位置附近呈不规则运动（图 2 - 10）。因此，高温状态，水分子原有的相互吸引，被剧烈的分子运动打乱而减弱，这时用简单的力就可以使水发生运动。也就是说，高温时的水由于内部的摩擦力降低，黏性变小了。淀粉糊的黏性与温度的关系也与此有相似的原理。高温黏性小变柔软，低温黏性大而变硬。例如，布兰达淀粉黏滞谱中，最低黏度值（92.5～95.0 ℃）比最终黏度值（25～30 ℃）低得多，是因为老化之前淀粉分子和水分子的结合稳定，分子运动变小。

图 2 - 10　水的分子运动模型

（稻津脩等，1982）

2.3.4　淀粉糊化程度的测定与评价

可以通过以下一些测定项目，来判断糊化进行的状态和它的难易。

a. 双折射的消失：偏光显微镜。

b. 结晶构造：X 线解析法。

c. 目测透明度的增加……

d. 黏度的上升：淀粉黏滞谱。

e. 粒的膨润、溶解：膨润力、溶解度测定。

f. 淀粉酶的消化性：消化性的测定（葡萄糖糖化酶、β-淀粉酶）。

g. 碘吸收力：电流滴定法。

下文概要说明采用这些方法，进行糊化评价的具体情况。

1. 淀粉的双折射及结晶构造

淀粉粒在偏光显微镜下，呈现黑十字的双折射性已经广为人知，这是因为从粒中心（hayiramu，黑十字中心）的放射状规律性构造决定的（图 2 - 11）。糊化在偏光显微镜下，表现为双折射消失，这个方法作为判断糊化的方法被广泛使用。但这并不是由于分子排列而引起的，仍然是分子集合的像胶粒状的单位排列构造。不论如何，所谓的糊化，就是淀粉分子构造中加入水分子，造成排列不规则。

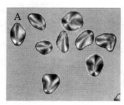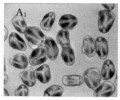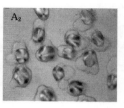

图 2-11 马铃薯品种新田源糊化淀粉的偏光显微镜照片（×400）

(刘小晶，2012)

A. 原淀粉粒，中间的十字交线清晰可见 A_1. 糊化 28 min 后，周围有十字交线消失的透明状糊化部分 A_2. 糊化 38min 后，随周围的糊化加强，十字线消失加强

淀粉具有结晶性已经广为知晓，根据结晶构造又可以分为 A 型、B 型及二者相混合的 C 型（A 型主要是谷类淀粉，直链分子高于 40% 的除外；B 型主要是块茎和基因修饰玉米淀粉；C 型主要是块根和豆类淀粉）。不同的结晶结构与 X-射线衍射图谱相对应（图 2-12）。有时直链淀粉与各种有机的极性分子形成复合物，X-射线衍射图谱呈现 V 形。糊化发生的话，这种结晶构造消失，

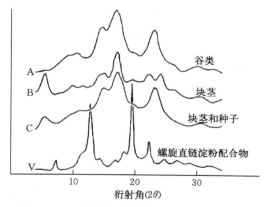

图 2-12 不同晶型淀粉的 X-射线衍射图谱

(Zobel，1988)

指示结晶质的回折线减少，终于变为全部都是非晶质的波形图（图 2-13）。因为随着糊化程度的推进，淀粉粒的回折型曲线发生变化，所以通过检测结晶质的崩坏程度可以检知糊化程度。

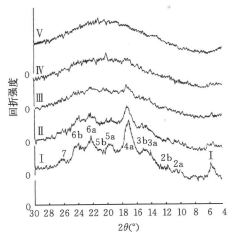

图 2-13　马铃薯淀粉糊化过程的结晶构造的变化

（稻津脩等，1982）

Ⅰ. 加热前，由于存在结晶质，在不同部位出现明显的峰值，显示为典型的 B 型。随着加热糊化时间的延长，结晶质逐渐消失，峰值也逐渐消失，成为显示波形曲线　Ⅱ. 黏度开始上升前　Ⅲ. 黏度上升的时候　Ⅳ. 黏度最高的 1/2 的时候　Ⅴ. 黏度最高的时候

2. RVA 仪测试及其特性值

在淀粉糊化过程中，淀粉粒的膨润相互呼应，而使黏性增大。当淀粉粒的膨润达到极限，继续加热，籽粒的形状崩溃、破碎，使得黏度较低。为了记录这种黏度变化，边加热淀粉悬浊液边用一定的回转数搅拌，自动记录回转时所需要的扭矩，这就是淀粉的黏滞谱（图 2-9）。

测定淀粉的黏性装置最早是布兰达黏度计，目前多用 RVA（rapid viscosity analyzer）仪。因为该仪器更加小巧灵便，测试样品只需要折合含水量 12% 的米粉 3 g 左右。测试时，首先将装置加热到 53 ℃，然后每分钟升温 1.5 ℃，匀速升温到 93 ℃，保持 5 min，最后再以每分钟 1.5 ℃ 匀速下降到 53 ℃。RVA 仪记录了随淀粉糊化黏度变化的过程，其测试过程中淀粉粒黏度变化的模式如图 2-9 所示。

RVA 仪测试过程淀粉糊化及状态如下：随着淀粉水溶液加热，淀粉的粒心开始出现空洞化。空洞逐渐扩大，双曲折性从周边消失（图 2-9），淀粉开始糊化。随着升温，糊化进一步进行，淀粉粒膨润，相互呼应使黏度上升，这个点就是糊化温度图（图 2-9 中Ⓐ）。淀粉糊化开始的温度比 RVA 仪记录的糊化温度要低得多，但Ⓐ不是糊化开始温度。糊化温度可以通过偏光十字显微镜精确测量。也就是根据淀粉乳糊化后，颗粒的偏光十字消失来测定。测定设备需要一台由偏光显微镜和电加热台组成的 kofler 热台显微镜。测定时，将淀粉样品加入水中，浓度 0.1%～0.2%，取一滴淀粉乳，含100～200 个淀粉颗粒，置于观察玻片上，放上盖玻片。盖玻片四周围以高黏度矿物油，置于电加热台上，温度上升（约2℃/min），跟踪观察淀粉颗粒偏光十字的变化情况。淀粉乳温度升高到一定温度时，有的颗粒偏光十字开始消失，就是糊化开始温度。随着温度升高，更多的淀粉粒偏光十字消失，当约98%颗粒偏光十字消失即为糊化完成温度。因此，糊化温度是一个变化范围。表 2-2 是利用 kofler 热台测定不同品种淀粉的糊化温度，表中各组温度分别相当于 5%、50%、95%颗粒失去偏光十字的温度。

表 2-2 kofler 热台测定的不同作物淀粉糊化温度（℃）

（高嘉安，2001）

作物类型	糊化温度 （5%、50%、95% 淀粉颗粒偏光十字消失）	作物类型	糊化温度 （5%、50%、95% 淀粉颗粒偏光十字消失）
玉米	62、67、72	大米	68、74、78
马铃薯	56、62、67	黏高粱	68、70、74
小麦	58、61、64	西米	60、66、72
木薯	58、65、70	葛根	62、66、70
蜡质玉米	63、68、72	甘薯	58、65、72
高粱	68、74、78	高直链淀粉玉米	67、80、92

进一步升高温度，糊化扩大到淀粉粒整体，淀粉粒扩大伸展成为膨润粒。这种膨润粒相互呼应增加糊液的抵抗，使黏度上升达到最大值。这个点就是最大黏度（图 2 - 9 中Ⓑ）。进一步加热，膨润粒伸展完而崩坏，膨润粒之间的相互呼应没有了而使黏度降低，出现最低黏度（图 2 - 9 中Ⓒ）。由Ⓑ到Ⓒ黏度降低了，这一黏度的下降值称为崩解值（breakdown）。它表示黏度的热稳定性，这个值越低，热稳定性越好，即加热对淀粉结构的破坏较小，则增加咀嚼阻力，因而米饭食味是不良的。进一步降低温度，糊液变成胶体溶液而凝胶化，使黏度升高，这个值就是最终黏度（图 2 - 9 中Ⓓ）。Ⓓ与Ⓒ的差，称为稀泻值（consistency）。它表示糊液冷却后的稳定值，稀泻值高，则回生特性强，因而也是食味不良的。

食味与淀粉黏滞谱有如表 2 - 3 中的关系。糊化温度尽量低的好，最高黏度 600～800B. U 最好。含有大量水分的马铃薯淀粉膨润后最高黏度大，与其相反，即使较大的温度幅度，不太膨润的谷类淀粉最高黏度小。崩解值是膨润粒破坏、胶体化程度的指标，并且这个值越大食味越好。凝胶化的糊液冷却到室温，结合进淀粉分子中的水分子运动弱，所以糊液凝胶化，黏度上升，这个室温的黏度称最终黏度。最终黏度和最高黏度不同，越低则较好。为什么？因为最终黏度大，意味着室温的糊液硬，拥有这样特性的米饭就是硬的米饭。

表 2 - 3　食味与淀粉黏滞谱参数的关系

（稻津脩等，1982）

项目	食味优良	食味不良
糊化温度	低	高
最高黏度	大（过大也不好）	小
崩解值	大	小
最终黏度	小	大
回冷值	小	大

黏度过去以 B. U.（brabender unit）单位表示，RVA 仪则采用"快速黏滞（性）单位"（rapid viscosity units，RVU）作为其

单位。但是，这实质是仪器的单位或者是英文翻译而非国际标准。过去曾以高斯单位的 P、cP 表示。牛顿曾将黏度定义为衡量液体流动时的内摩擦力或阻力的度量。现淀粉黏度（动力黏度）国际单位为 Pa·s。从表示形式来看，它是压强与时间的乘积。因压强是单位面积上所受到的力，因此可以将其改变为 N·s/m²。由此不难看出，作物淀粉黏度反映的是淀粉溶液单位面积上所受的阻力与时间的乘积，所以又称之为黏滞系数。目前，科技期刊采用 Pa·s 作为淀粉黏度单位尚不多见。P（cP）、Pa·s 与 RVU、BU 之间关系比较复杂。因为动力黏度是流体在层流状态下内部剪切应力和剪切速率的比值，其测定必须保证液体在层流状态下进行。而用 RVA 或 Brabender 黏度测定仪所测得的以 RVU 或 BU 为单位的黏度值，则是在复杂的三维流动（多数情况为紊流）下所获得的数据，不是物理意义上的动力黏度，而是一种宏观性质的表观黏稠性指标，1RVU＝12cP，1P＝0.1 Pa·s，故 1cP＝1 mPa·s。实际上，RVA 可做出含有 RVU 和 cP 为两个纵坐标的图，科研中应采用后者对应的读数。

用营养学的知识评价饭的糊化度，则是用酶消化糊化淀粉的程度。测定方法是，用淀粉糖化酶或葡萄糖淀粉糖化酶或糊化淀粉或 β-淀粉酶作用糊化后的淀粉，测定消化程度。这个方法既可以测定糊化度，也可以测定老化度。

淀粉可以在一些化学因素作用下糊化。在强的碱基下，淀粉糊化在常温下也能进行。这是因为淀粉是吸附着羟基的基团，用 NaOH 可以吸着 0.3～0.4 mg 当量以上的淀粉而糊化。并且，阴离子浓度促进糊化发生。例如，钠盐的阴离子浓度，作用大小按 $OH^{-1}＞$ 沙丁酸 $＞SCN^{-1}＞I^{-1}＞Br^{-1}＞Cl^{-1}＞SO_4^{-1}$ 的顺序；在阳离子中，以 $H^+＞Na^+＞K^+＞Rb^+$ 的顺序促进糊化。极性高的有机物可以引起糊化，如胍、尿素、二甲基磺酸等。此外，淀粉糊化可以在微量的磷脂酸盐作用下发生。以上所列物质，推测对淀粉糊化的直接影响少，但是实际有怎样的因果关系并不明确。

2.4 淀粉的老化

饭在室温放置 1～2 d，黏性减少，饭粒变白，一吃就会有蹦蹦硬的感觉，这种现象称饭的老化，也称为回生（retrogradation）。饭的老化是饭中含有的糊化淀粉（即淀粉糊）的变化扮演了主要的作用。淀粉糊老化后，形成了有一定弹性的胶体，就像普通淀粉一样，难溶于水，恢复了部分结晶性。并且，糊化和老化有很多物质参与，整理列入图 2-14。在这里，为了方便理解，讲一下固体运动的能量问题。

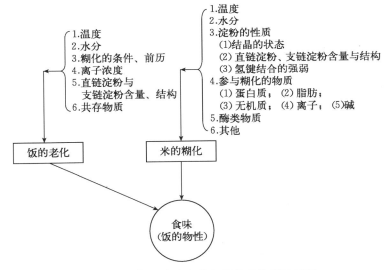

图 2-14 参与米的老化与糊化的物质及因素

（稻津脩等，1982）

老化和糊化是完全相反的现象。通常认为，糊化的起因是淀粉分子的 OH 基或者结合进水分子中的 H 所起的作用。这是基于结合 H 高温不稳定、低温就稳定的热力学的必然特性。

固体分子中相互之间有强结合，所以各个分子在某一时间都有相应于温度（热能）而振动的固定位置。为了改变分子位置，必须切断分子之间的结合以及所要移动到的场所的分子之间的结合。为了切断相邻分子之间的结合，就需要较多的能量。提高温度，就是给以热能，所以分子就会在原来的位置激烈振动，并导致与相邻的结合被切断而移动。

热能，用热和时间的积表示。如图 2-15 所示，A 位置的分子要移动到 C 位置，必须吸收超过能量山的能量。温度越低分子的振动越小；相反，温度越高则越剧烈。继续加热 A 位置的分子的话，由于吸收能量就达到 C 的位置，甚至超过这个能量山，达到 D 的位置。可以认为，淀粉分子的排列、水分子的位置就是这样变化的。这个分子运动，如果是给予能量向高温方向发展就是糊化；相反，在低温一侧，分子和分子的结合稳定化了（B 位置），甚至经过一定的时间，达到进一步稳定化的 E 位置，并向 F 位置移动。这样，老化与糊化正好相反，向分子间稳定结合的方向发展。与糊化淀粉相比，意味着分子更加密集。

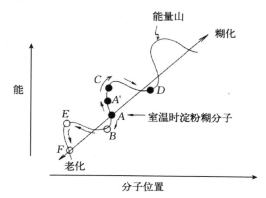

图 2-15　能量与淀粉糊分子运动
（稻津脩等，1982）

透明的糊化淀粉在低温下长时间放置，形成白色的沉淀，就变得白浊。如果进行离心分离，就能够得到老化淀粉。这个老化淀粉如果用 X 形回折调查，就能够确认恢复了结晶性。一般地，老化以形成不溶于水的非结晶状态淀粉为主，所以多为凝胶化。无论如何，老化就是糊化的淀粉分子自然的集合，向部分密集的集合状态发展。这个时候的水分子的集合主要由于葡萄糖的 OH 残基的氢键结合。

　　饭在低温下长时间放置的话，比刚做好时白而不透明。这就是前文所说的糊化淀粉老化、分子变成密集的聚合物的原因。使老化淀粉饭粒变形的外力，比没有老化的饭粒要大。这也是老化的饭比较硬，吃起来会有嘎嘣嘎嘣响的原因。

　　以上只介绍了老化的基础性问题。米饭整体的老化存在各种状况，并没有完全解明，因此也可以说还没有评价老化的适当方法。因此，多角度评价老化才能比较准确地掌握这个问题。

　　目前，评价老化使用比较多的是 X 线解析方法、酶消化法、沉淀量的测定、糊化液透明度测定、碘吸收量测定等，其测定原理与糊化测定方法一样。

　　图 2-14 表示了与老化有关的因素，主要是直链淀粉和支链淀粉的比例以及各自的结构。在回生过程中，直链淀粉起主要作用。有两种形式：一是缓慢降温时，溶解的直链淀粉分子之间进行有效的定向迁移，使分子之间自行平行取向，沿链排列的大量羟基能与相邻链上的羟基靠得很紧，羟基通过链间的氢键相结合，直链淀粉链接在一起形成不溶于水的聚合体，在稀溶液中结合的直链淀粉形成沉淀。二是在更浓的分散液中，聚合的直链淀粉被包裹在淀粉分子的网状结构中，形成胶体（图 2-16）。支链淀粉不易回生，溶解的支链淀粉分子间的结合，由于其所具有的高度分叉结构而受到较强的抑制，在一般条件下不形成胶体。但淀粉颗粒中直链淀粉分子与支链淀粉分子之间有一定的相互作用，当直链淀

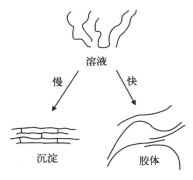

溶液

慢　　　快

沉淀　　　胶体

图 2-16　回生机理

（高嘉安，2001）

注：溶液缓慢搅拌，则直链淀粉最终变成沉淀而老化，相反，快速搅拌，则变成胶体。

粉分子含量较高时，会与支链淀粉分子发生共结晶作用，很可能是快速形成的直链分子有序区为支链分子结晶提供了晶种，而支链淀粉组分对直链淀粉组分的回生有一定抑制作用（图 2-17）。

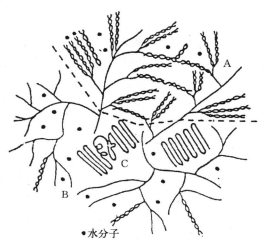

图 2-17　支链淀粉回生淀粉结构示意

（高嘉安，2001）

注：A 为具螺旋结构的支链淀粉，B 为具短分支的分链淀粉，C 为直链淀粉。

　　温度条件是影响淀粉老化的重要因素。60 ℃以上的温度一般不发生饭的老化，当温度较低时，老化迅速发生，2～3 ℃时最容易发生老化。因此，为了防止老化，电饭锅等保温场所的温度应在 60 ℃以上。一般来说，老化的饭比生米易于糊化，因而剩饭只需加少量水就可以蒸煮好。但剩饭中有时会有比生米更难糊化的东西，这就是剩饭在再次蒸煮后一般不如新饭有味的原因。

　　糊化与老化是米饭向不同方向发展的结果，其中水都起了重要作用。淀粉糊在水分为 30%～60% 时容易发生老化，这个范围之外都难以老化。饭的水分在 65% 左右，属于难以老化的范围。但是，随着老化的开始，淀粉分子密集集合，使部分的水分含有率降低，老化就会加速。

老化还与糊化程度有关，如微波炉做出的饭比电饭锅的更容易老化。其原因是微波炉在短时间内就能够做好饭，淀粉分子的分散不好，糊化程度低。高温、长时间的糊化，做出来的淀粉糊由于结晶、凝集而形成的结节少，难以发生老化；与此相对，低温、短时间形成的淀粉糊，淀粉的分散不充分，糊液中存在较多的比较密的结晶、凝集，长时间保存易于老化。

以上所说的糊化、老化几乎是影响饭味的主要因素，但至今仍有很多因素没有解明。

2.5　大米淘洗、蒸煮过程的显微特征变化及其与稻米食味的关系

2.5.1　碾精及淘洗过程的形态学

在大米碾精、淘洗、做饭的系列过程中，其米粒及淀粉的显微特征也发生了系列变化。日本学者松田智明等（1991）研究认为：糙米在研磨的过程中，果皮和糊粉层（胚乳细胞的第 1 层）与第 2 层的胚乳细胞的一半一起被除去。因此，糊粉层的类脂体颗粒几乎未被破坏。精米的表面露出了第 2 层胚乳细胞的一半，形成了并排杯口一样的状态，杯内的淀粉粒由于摩擦生热而糊化，于是在精米的表面形成了厚 1/100 mm 的薄板状的糊化层。这种外表覆盖一层糊化层的精米就是市场上流通的大米。糊化层的形成，增加了精米的表面光泽，提高了其外观品质。但如果磨得过度，糊化层就几乎全部被去除，那样的米光泽降低，外观品质下降。

但是，因为大米粒有像橄榄球一样的形状，四周不能被均等地削掉，一般在长轴方向被削减得很多，短径方向则削减得很少。

磨米过程中形成的糊化层，在煮饭的过程中被带入进而降低了米饭的食味。在这里，洗米是有意义的。根据扫描电子显微镜（SEM）追踪观察洗米的过程，糊化层只要轻轻一洗就很容易脱落，因此洗米应控制在把糊化层洗掉使之不带入米饭内。洗米的结果，大米粒表面（第 3 层，有一部分是第 4～5 层）胚乳细胞露了出来，如果进一步洗米，会使细胞内淀粉粒露出。

如果进一步仔细洗米的话，会使第 3 层胚乳细胞中包含的淀粉

粒和蛋白质颗粒被冲刷掉。淀粉粒的流失是损失，但对去除蛋白质却有很大的意义。仔细洗米会使米表面结构较为发达，这种倾向在蛋白质颗粒积累较多的、食味水平较低的大米中得到广泛承认。所以洗米不要过度，一般洗米控制在 3 次左右为宜。

2.5.2 煮饭过程饭粒特征的变化

随着浸泡、煮饭时间的延伸，大米内部结构发生变化，不同食味大米表现出不同的变化。

1. 浸泡

浸泡一定时间后的生米米粒表面开始发白，且稍有膨胀，一般表面有少许裂缝。而内部的胚乳贮藏细胞、胚乳贮藏细胞中的淀粉体及淀粉体内部单个淀粉粒之间的龟裂明显增加。

以足量的水浸泡粳糯米与粳型非糯米，其吸水表现出一定差异。粳米浸水 30 min 后吸水速度明显减缓，在 40 min 以后吸水很少（图 2-18）；而糯米在浸泡 60 min 左右吸水速度才降低，且糯米的最终吸水率大于粳米。

2. 煮饭

粳米在煮到水沸腾以前时变化很小，只是米粒表层的淀粉开始溶解。沸腾后淀粉粒的表面迅速变成糊状，最初以淀粉体为单位黏合在一起，然后以细胞为单位黏合在一起，淀粉的糊化由米粒的表层进入内部（图 2-19）。由于淀粉糊化而形成微细的孔隙（图 2-19 右侧），而煮饭前就存在的龟裂面则糊化早，其中的淀粉粒便具有了流动性。

 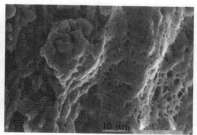

图 2-18　粳米经淘洗浸水 30 min　　　图 2-19　煮饭开始 20 min
　　　　　后的胚乳断面　　　　　　　　　　　　的粳米

　　　　　（马晓娟，2005）　　　　　　　　　（高桥一典等，1996）

随着糊化膨胀过程的进行，包埋的淀粉体和细胞壁被断开，很多细胞壁被分解，但低食味米则有很多细胞壁未被分解而残留在里面（图 2-20）。这些膜结构的分解程度和糊化开始的快慢有着密切的关系。

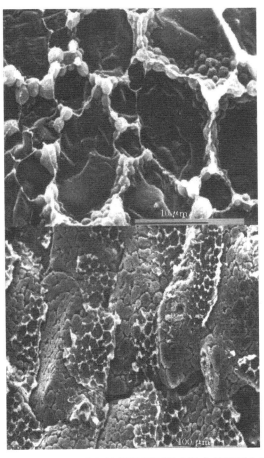

图 2-20　煮饭过程中饭粒内部淀粉体周围没有被分解的蛋白质颗粒（上）及淀粉体膜与细胞壁（下）

（松田智明等，1990，1992a）

在很多情况下，煮饭过程中蛋白质颗粒直径约膨胀两倍，但几乎不被分解，留在饭中（图 2 - 20）。蛋白质颗粒存在于细胞内淀粉颗粒之间、淀粉体之间和细胞壁之间的缝隙中，夹在和机能蛋白质构成的膜结构之间。煮饭而膨胀了的蛋白质颗粒直径在 1～3/500 mm，是人用牙齿不能够感觉到的大小，所以不可能影响到米饭的食用味道。同时，蛋白质颗粒在好吃的米中容易分解，在不好吃的米中容易残留。因此，蛋白质与食味的关系，可能是通过阻抑淀粉体分解而达到的，还有待于进一步研究。

低食味米表层结构发育不好，其糊粉层内包含着大量的蛋白质颗粒。同时，低食味米与籼型长粒米的表面都呈熔岩状的结构。这种结构的内部包含着大量的蛋白质颗粒，从表面就可以直接分辨。

正因如此，蛋白质颗粒物通过对热运动物理性的阻碍而阻碍了淀粉糊糊化的发展。如果无表层发达的构造或者包含大量蛋白质颗粒，都会导致米饭表面向熔岩状结构发展。这也是蛋白质含量与食味呈负相关关系的原因之一。因此，并不是被分析出来的全部的氮与低食味化有关系，需要按其来历重新考虑与味道的关系。

在水中充分浸泡的糯米比粳米更早开始且更加迅速地全面糊化。煮饭刚结束后，糯米饭表层部分由线状的糊组成的网眼状结构发达（图 2 - 21）；而粳米则糊化速度慢，几乎看不见网眼状结构（图 2 - 22）。这完全是由二者直链淀粉含量不同造成的。浸水不充分的情况下，糯米和粳米表层结构很相似，但内部结构却迥然不同。

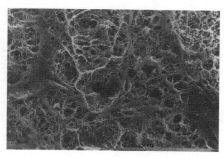

图 2 - 21　刚刚煮完的糯米饭表面结构
（松田智明等，1991）

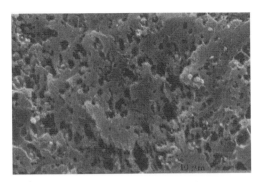

图2-22　刚刚煮完的粳米饭表面结构

（松田智明等，1991）

米饭煮好后，不同食味大米的米饭表层结构和内部结构存在迥然差异。食用米的结构中，最被关注的是表面1/10 mm的表层部分和表层结构的发达程度。这部分的结构与食味有着密切的关系，是官能评价最重要的部分。同时，表层部分的结构和内部结构的发达程度密切相关，能够从表层的结构部分推出内部结构的发达程度。

好吃的米饭表层显示为大部分蓬松熔融状态（图2-23），这部分实质是一层厚而覆盖广的海绵状多孔构造。其表面呈网状结

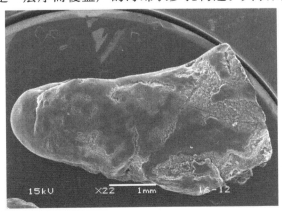

图2-23　优良食味米饭表面构造

（米饭表皮显示为大面积松软熔融状态）

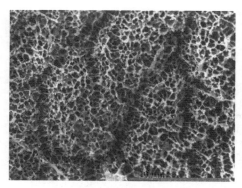

图 2 - 24　食味优良的越光米饭的表面构造

（米饭表面显示为发达的网状结构）

（松田智明等，1992b）

构，伸展着很多 1/1 000 mm 左右的细细的糊线（图 2 - 24）。而不好吃的米饭表层不存在多孔结构，即使存在也很薄，它的表面也不存在网状构造，而呈熔岩状结构，总之是结构十分不发达的状态（图 2 - 25）。好吃的米饭表面的网状结构和细糊线的数量可能是一个能够表示米的黏性的指标。

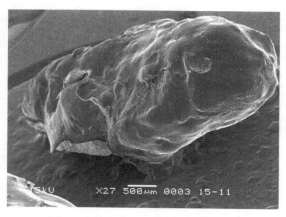

图 2 - 25　食味不良的米饭表面构造

（米饭只是膨胀，表面显示为熔岩状结构）

内部结构和表层结构相比，一般比较致密。好吃的米饭淀粉体充分糊化，糊化淀粉体呈多孔质地，孔大（图 2 - 26）；不好吃的米饭则淀粉体糊化不充分，糊化淀粉体孔小、结构致密（图 2 - 27），大米细胞壁和淀粉体等膜构造的分解不完全，胚乳细胞和淀粉体残留得多（图 2 - 28）。像这样细微结构的差异，导致其黏度、硬度、弹性等物理性质的差异，与食味有着密切关系。

图 2 - 26　食味优良的越米米饭内部构造
（松田智明，1989）

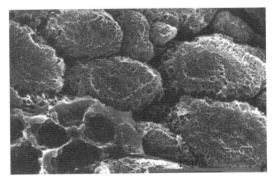

图 2 - 27　食味不良的秋光米饭内部构造
（松田智明，1989）

大米的糊化过程也因结构不同而存在不同。心白米的中心部较周边糊化早，淀粉粒形成流动性，因而形成空洞（图 2 - 29）。

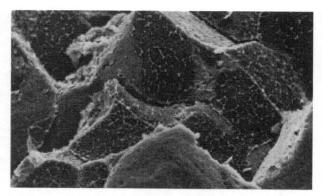

图 2-28　食味不良的秋光米饭内部构造（示炊饭后几乎没有变化的胚乳细胞）

（松田智明，1989）

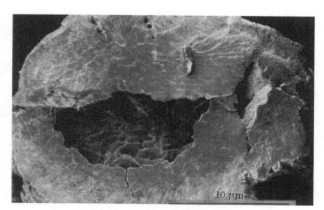

图 2-29　刚刚煮完饭的心白米断面

（松田智明等，1991b）

3. 淀粉粒及淀粉体的变化

上述米饭形态的外部变化是由构成胚乳的淀粉体及淀粉体内淀粉粒的变化而引起的。高桥一典等（2001）研究越光煮饭过程中淀粉粒及淀粉体的变化发现，蒸煮开始 10 min 后（锅内中央部分温度 45 ℃），淀粉体包膜开始从表面分解。15 min 后（51.3 ℃），淀粉体内部原来长径方向 3～4 μm 的淀粉粒膨润为 4.5～5.0 μm，精白米表层第一层细胞内的淀粉粒开始出现纤维状的米糊，形成网眼结构，网眼状的结构由外向内发展。由于淀粉体内部淀粉粒的网眼状结构相互融合、一体化变成不定形的糊状，最终使淀粉体成为不定形的糊状体。20 min 后（98.5 ℃），在表面形成微细而网眼扩大的骨架构造（图 2 - 18），形成以淀粉体为单位的不定形糊状构造。25 min 后（98.5 ℃），形成以细胞为单位的不定形糊状构造，这种构造由表面逐渐向内部发展。

2.6　影响稻米食味的其他因素

　　前文主要阐述了淀粉与稻米食味的关系，一些因素通过影响稻米淀粉而影响食味，这些因素有很多。稻米食味首先与品种的基因型有关，也与生产稻米的产地环境、栽培条件有关，还与稻米加工、运输及做饭过程有关（表 2 - 4）。有关内容，如栽培调控、环境等在后面的章节中再加以叙述。

表 2 - 4　影响稻米食味的因素及其作用大小

因素	大小
品种	最大
产地（地形、土质、水质）	大
气象条件（气温、日照、降雨）	大
栽培方法（施肥、农药、其他管理）	大
收获	中
干燥、调制	中
精米加工	中
锅具（普通锅、压力锅、IH 锅等）	中
做饭技术（蒸、焖）	中

参　考　文　献

高嘉安，2001. 淀粉与淀粉制品工艺学. 北京：中国农业出版社：1 - 50.
刘小晶，2012. 三种马铃薯淀粉颗粒结晶结构的定性定量研究. 西安：陕西科技大学：25-36.

马晓娟，2005. 关于稻米蒸煮与食味评价的研究. 扬州：扬州大学.

稲津脩，佐々木忠雄，新井利直，1982. お米の味―その科学と技術，北農研究シリーズ. 北海道札幌中央区4条西6丁目：北農会：1-41.

岡留博司，豊島英親，大坪研一，1996. 単一装置による米飯物性の多面的評価. 日本食品科学工学会誌，43（9）：28-35.

岡留博司，豊島英親，須腾充，等，1998. 米飯1粒的物性測定に基づく米の食味評価. 日本食品科学工学会誌，45（7）：398-407.

高橋一典，松田智明，長南信雄，1996. 炊飯米の微細構造と食味 ⅩⅥ炊飯にともなうデンプン粒の糊化過程（良食味米の場合）. 日本作物学会記事，65（2）：243-244.

松田智明，長南信雄，1990. 炊飯米の微細構造：Ⅲ. 炊飯によって分解しないタンパク顆粒，胚乳細胞壁およびアミロプラスト包膜について. 日本作物学会紀事，59（別1）：276-277.

松田智明，長南信雄，土屋哲郎，1989. 炊飯米の微細構造：Ⅱ. 食味が異なる品種の飯の内部構造の変異. 日本作物学会記事，58（別号2），261-262.

松田智明，長南信雄，土屋哲郎，1991. 炊飯米の微細構造：Ⅴ. 精米に伴う米粒表層構造の変化. 日本作物学会紀事，60（別2）：271-272.

松田智明，原弘道，長南信雄，1992a. 炊飯米の微細構造：Ⅸ. 飯構造の発達阻害要因としてのタンパク顆粒，胚乳細胞壁およびアミロプラスト包膜. 日本作物学会紀事，61（別2）：179-180.

松田智明，原弘道，長南信雄，1992b. 炊飯米の微細構造：Ⅹ. 表面構造の種類および内部構造との対応関係. 日本作物学会関東支部会報，7：63-64.

Zobel H F，1988. Starch crystal transformations and their industrial importance. Starch，40：1-7.

第 3 章
稻米淀粉特性及其与粳稻食味的关系

3.1 淀粉的基本知识

　　水稻干重的 90％ 都是淀粉。水稻受精后不久即开始在质体中积累淀粉，首先在质体中形成单一淀粉粒，单一淀粉粒进一步组成复合淀粉粒。对成熟糙米进行横切，则表面可以发现复合淀粉粒及单一淀粉粒（图 3-1）。单一淀粉粒是以葡萄糖为基本结构单位的

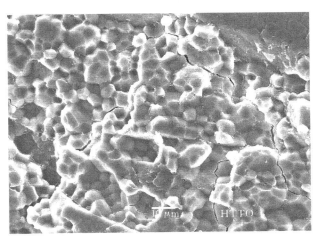

图 3-1　稻米中心部的淀粉体及单个淀粉粒

　　注：图中大的块状物为淀粉体，即复合淀粉粒，其中的球状小体为单个淀粉粒。
品种：粳稻东北 194 强势粒，编号：HTTO。

葡聚多糖体，由链状的直链淀粉和在分支上又产生分支、具有三元结构的支链淀粉（图 3-2）组成。稻米淀粉的主要成分是支链淀粉，直链淀粉的含量偏低，但由于直链淀粉不溶于水，对稻米的膨润性有阻抑，所以对稻米食味影响较大。糯质水稻不含直链淀粉，仅由支链淀粉构成。在我国，过去又根据直链淀粉的含量，将水稻品种分为糯（＜2％）、极低（＜12％）、低（12％～20％）、中等（20％～24％）和高（＞24％）五类。一般粳稻直链淀粉含量都是20％以下，籼稻高于20％，甚至有很多高于24％的品种。近年来，为了进一步改善籼稻食味，籼稻直链淀粉含量已经降到了20％甚至以下，如广东等省的丝苗米，出现了具有籼稻外观、粳稻食味的新类型。

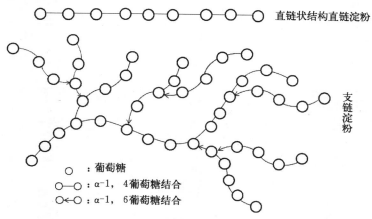

图 3-2　直链淀粉和支链淀粉结构模式

　　在糙米外观上，糯稻干燥后呈白色不透明的蜡质状态，普通水稻呈半透明状态。在普通水稻与糯米之间，又存在暗色（dull）、云雾性状（misty）、糖质突变（sugary）、皱缩（shrunk）、粉质（floury）等类型的胚乳突变。这些胚乳突变的一个最显著特征是直链淀粉含量降低，但对支链淀粉的性质基本无影响。暗色胚乳特征是干燥后胚乳表现为胚乳浊化成云雾状半透明至乳白色等暗色，糖质表现为胚乳糖分较高、表型皱缩，粉质表现为胚乳呈白色粉状。粉质胚乳与蜡质胚乳在外观上区别并不十分明显，但蜡质胚乳似乎更致密。

淀粉粒的形状因植物源的不同存在区别（图3-3），构成淀粉粒的分子构造也具有不同的特色。正是由于分子构造特色的不同，才引起淀粉粒构造，特别是结晶状态的不同。这是形成不同淀粉机能性的基础。

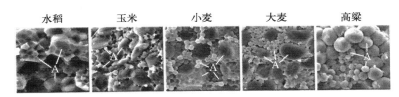

图3-3　五大作物的淀粉体（图中标A）比较

（王忠，2015）

关于淀粉结构，常用到以下有关术语：

（1）单位链（或者链）　仅由α-1，4结合连接的葡萄糖基组成的链。

（2）主链与侧链　支链淀粉具有多元结构，其中有还原性末端的单位链称主链，与主链或者其他单位链结合的单位链称侧链（side chain），也称分歧链或分支链（branch chain）。

（3）链长　构成单位链的葡萄糖基的数目，用葡萄糖单位聚合度（varying degrees of polymerization，DP）或链长（chain length，CL）表示。

（4）A、B、C链　Peat等（1949）导入的概念（图3-4）。A链是指在葡萄糖基6C上没有与其他链结合的单位链，一般较短，多居于整体链的外侧。具有还原性末端的链称为C链，一个分子只有一个还原性末端。B链又分为Ba和Bb两种，前者是指结合A链的链（也包含与B链结合的链），后者是指不直接与A链结合仅结合B链的单位链。B链根据长度又分为能够分别贯穿1～3层

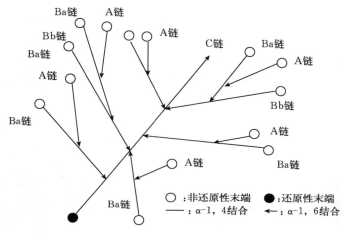

图 3-4　支链淀粉的分支模式

"簇"结构的 B_1（DP 为 13～24）、B_2（DP 为 25～36）、B_3（DP＞37）3 种级别，也有分为更多级别。

　　（5）内部链与外部链　自链的非还原性末端到分支结合点的葡萄糖单位部分称外链。一个 B 链与其他的单位链结合时，则两个结合点之间的链是内部链；从分支点到还原末端的也称内部链（图 3-5）。内部链和外部链都不包含分支（歧）点，因此 A 链的长度是全部外部链长，B 链的长度是内部链长＋外部链长＋1。A 链是外侧链，DP 多为 6～12，称为短链；贯穿于前后两个结晶区之间的 B 链是内侧链，与直链淀粉、结合蛋白等共同构成淀粉颗

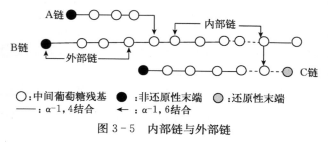

图 3-5　内部链与外部链

粒的不定形区。

淀粉链长分布是淀粉研究的一个重要内容,其中一种测定方法是通过测定化学方法脱支后获得的不同组分长度而得到。随着时间的变化,测定方法发生变化,因而也就出现了不同的分类方法。Chinnaswamy 等(1986)通过凝胶渗透色谱技术分离淀粉,首先得到相当于支链淀粉的一大部分馏分和相当于直链淀粉的一小部分馏分,前者进一步脱支又得到 Fr_1、Fr_2 两种成分,后者则为 Fr_3。蔡一霞等(2006)通过柱层析方法,将淀粉分成 Fr I、Fr II、Fr III 等不同部分。其中 Fr I 部分的链长的平均聚合度>100DP,Fr II 部分的链长的平均聚合度为 44~47DP,Fr III 部分的链长的平均聚合度为 10~17DP。Hanashiro 等(1996)通过高性能阴离子交换色谱与脉冲电流检测器相结合的方法,得到分支长度为 4~75 个及以上葡萄糖单位的分支组分,根据聚合度分为 3 组:DP≤12 为 Fa,24≥DP≥13 为 Fb_1,36≥DP≥25 为 Fb_2,以及 DP≥37 为 Fb_3。这种分类结果基本与前述的 A、B_1、B_2、B_3 等同,并且与淀粉合成酶各亚型的功能相一致,具体内容详见第 4 章储备淀粉的生物合成。

Nakamura 等(2002)、贺晓鹏等(2010)根据总链数中 A+B_1 链所占比重,认为不同水稻品种间淀粉可以明显分为 L($\Sigma DP≤10/\Sigma DP≤24$ 小于 0.20)、S($\Sigma DP≤10/\Sigma DP≤24$ 大于 0.24)或 I($\Sigma DP≤11/\Sigma DP≤24$ 小于 0.22)、II($\Sigma DP≤11/\Sigma DP≤24$ 大于 0.26)两种类型,粳稻一般属于 S 型或 II 型。另外,还存在少量的中间类型,称为 M 型。

(6)β-淀粉酶的分解限度和 β-限界糊精 β-淀粉酶又称为 α-1,4 麦芽糖水解酶、麦芽糖酶,能水解 α-1,4 葡萄糖苷键。水解由非还原端开始,水解相隔的 α-1,4 葡萄糖苷键成为含两个葡萄糖单位的麦芽糖(图 3-6)。但不能水解 α-1,6 葡萄糖苷键,遇此键即停止水解,也不能超过此键继续水解。麦芽糖原来在分子中属于 α 构型,水解后发生构型改变,成为 β 构型,故称为 β-淀粉酶。用 β-淀粉酶分解到极限时的分解率(%)称分解限度。没有被分解

的剩余部分称 β-极限糊精（β-LD）。前者越大，从非还原性末端到分支结合点的直链部分越长。β-极限糊精的构造如图 3-6 所示。也就是说，A 链是偶数基（G_2）或者奇数（G_3）基时，自非还原末端到分支结合点剩余的葡萄糖基是 2 个或者 1 个。但是，有些研究发现，该酶并不是偶数性切除麦芽糖。

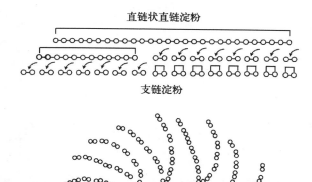

图 3-6　β-淀粉酶水解淀粉成麦芽糖示意

（高嘉安，2001）

（7）碘结合量　当碘与淀粉发生化学反应时，淀粉 6 个残基 1 个螺旋，其中心包裹碘分子，碘结合量用 100 g 淀粉结合的碘的质量表示。分支部分螺旋难以解开，因此这个值是直链状分子的比例，用电流或者电压滴定法求得。作为直链淀粉或者纯度检定的指标，纯粹的直链淀粉的碘结合量是 19.5～21.0 g（平均 20 g）。

（8）碘吸收曲线　淀粉溶液被碘素染色时的吸收曲线（图 3-7）。吸光度最高的波长用 λ_{max} 表示，直链部分越长，其波长也越长。一定条件下，680 nm 的吸光度称为青价。

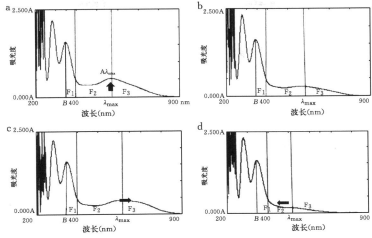

图 3 - 7 不同类型水稻品种碘吸收曲线

（Nakamura et al.，2015）

注：碘吸收光谱分析范围为 200~900 nm。F_1：面积从 B 到 400 nm（cm^2），F_2：面积从 400 nm 到 λ_{max}（cm^2），F_3：从 λ_{max} 到 900 nm，最大吸收波长（λ_{max}）和吸光度 $A\lambda_{max}$。品种类型分别为 Ae 突变水稻：EM10（AC 为 33.38%）（a）；粳稻越光（AC 为 15.40%）（b）；高直链淀粉大米（籼粳杂交后代，AC 为 27.12%）（c）；糯米（d）。

（9）平均分子量　对于分子量，有多种表示方法，一般广泛使用数量平均分子量 $\overline{M_n}$ 和重量平均分子量 $\overline{M_w}$。数量平均分子量等于试样的总重除以总摩尔数，其测定方法为渗透压法或末端基分析法，下面简述渗透压法的基本原理。

溶液的渗透压取决于分子数量，与浓度呈正比，可用 Vanthoff 公式。

$$\pi = \frac{RT}{\overline{M_n}}C$$

式中，π 为渗透压，$\overline{M_n}$ 为数量平均分子量，C 为溶液浓度，T 为绝对温度，R 为气体常数。当测得一定浓度的渗透压力值 π 后，很容易求得 $\overline{M_n}$。从理论上讲，对于一个特定体系，$\overline{M_n}$ 与 $\frac{C}{\pi}$ 有一定关系，与浓度无关，但这只是在理想溶液或无限稀度情况下是正确的。实际上，同一体系在不同浓度下，$\frac{C}{\pi}$值可变，浓度越高，误差越大。为了避免这种误差，一般采用几种不同浓度的淀粉稀溶液测定渗透压力，绘制$\frac{C}{\pi}$和C关系直线，应用外推法求得浓度为零的情况下$\frac{C}{\pi}$值，然后求得$\overline{M_n}$。渗透压力法适于测定 DP 在 $10^4 \sim 10^6$ 范围的分子量。

① 数量平均分子量和重量平均分子量也可用如下公式表示。

$$\overline{M_n} = \frac{\sum n_i M_i}{\sum n_i} \quad \overline{M_w} = \frac{\sum n_i M_i^2}{\sum n_i M_i} = \frac{\sum W_i M_i}{\sum W_i}$$

式中，n_i 为具有分子量为 M_i 的分子数，W_i 为具有分子量为 M_i 的重量分数。

② 重量平均分子量（$\overline{M_w}$）可采用凝胶渗透法或光散射法测定。

A. 凝胶渗透色谱法（GPC）。使用高压液相色谱仪（HPLC），淀粉分子按其分子量由大到小顺序流出色谱柱，对溶出液用差示折射计（RI）检测相应的折光指数。以保留时间（RT）为横轴，折光指数为纵轴，可获得 GPC 色谱图。依据标志物质（不同分子量的葡聚糖）的色谱图，以峰保留时间定性其所测定淀粉的分子量值，以峰面积或峰高查出对应分子量占全部淀粉分子的相对数量。目前，多数仪器可在样品测定后，直接绘出样品的分子量分布图和给出分子量（$\overline{M_w}$、$\overline{M_n}$）的结果。

B. 光散射法。光散射法可根据与分子大小、形状有关的性质测得重量平均分子量。当一束光通过溶液发生光散射现象，散射到所有方向，散射光的波长与射入光是相等的。若溶质分子小，则散射是对称的，即散射光的强度在各方向相等；若溶质分子大于射入光波长约 1/20 或 1/15，则散射是不对称的。向前方的散射光最强，向后方的散射光最弱，分子愈大，这种差别愈大。一般是在光束的 45°和 135°方向测定散射光的不对称程度。射入光束一般为绿光（5 461×10⁻¹⁰ m），则溶质分子大小比绿光超过 360×10⁻¹⁰ m，即产生不对称散射。这个长度相当于淀粉分子 DP 为 60～70，一般淀粉分子都会大过此数，所以会产生不对称散射。光的散射与重量平均分子量的关系为：

$$H\frac{C}{T}=\frac{1}{M_w}+\frac{2BC}{RT}$$

式中，C 为浓度，T 为光散射，B 为常数，绘 C 和 $H\dfrac{C}{T}$ 的关系是直线，直线与纵坐标交叉等于分子量 $\overline{M_w}$ 的倒数。不同大小分子产生的光散射不同，较大分子的光散射强，对于所得重量平均分子量影响较大。光散射法为测量分子量的常用方法，优点是不受分子大小的影响，特别是测定较大分子也能获得精确结果，如它可测定高达 10⁸ 以上的支链淀粉分子，而其他方法都不适宜这样大的分子。

小角度激光散射仪（LALLS）比普通的光散射仪更为先进。利用它与 GPC 组合，对色谱柱流出液进行测量，能迅速给出测定淀粉样的分子量分布。

与大分子相比，小分子更能影响数量平均分子量，而大分子对重量平均分子量的贡献较敏感。数量聚合度是指依据各成分所包含的葡萄糖单元数计算的平均聚合度，用 $\overline{DP_n}$ 表示；重量聚合度是重量平均分子量除以葡萄糖的分子量（162）得到的，用 $\overline{DP_w}$ 表示。例如，一种分子由聚合度分别为 1、10、100、1 000、10 000 的 α - D - 吡喃葡萄糖基单元各相等组分组成的混合物，其数量平均聚合度是上述成分的算术平均数，即 $\overline{DP_n}=\dfrac{(1+10+100+1000+10\,000)}{5}=2\,222$。

数量聚合度乘以葡萄糖分子量 162 即为分子量，即 $\overline{M_n}=359\,964$，重量分子量为

$$\overline{M_w}=\frac{\sum n_i M_i^2}{\sum n_i M_i}=\frac{\sum W_i M_i}{\sum W_i}=1\,472\,742$$

重量平均聚合度和分散度分别为

$$\overline{DP_w}=\frac{1\,472\,742}{162}=9\,090,\quad \frac{\overline{DP_w}}{\overline{DP_n}}=4.09$$

另一种混合物，其聚合度为 1 000 的分子量为重量的 25%，聚合度为 25 的分子占重量的 75%。由此推测，两种聚合度为 1 000 和 25 的两种分子的数量比为 1 : 120。按公式计算，$\overline{DP_w}=268.8$，$\overline{DP_n}=33.1$。若混合物重量百分数不变，但占 25% 重量的大分子聚合度由 1 000 提高到 2 000，则 $\overline{DP_w}=518.8$，$\overline{DP_n}=33.2$。可以看出，$\overline{DP_n}$ 对大分子的变化是相当不敏感的。由此可见，两种平均分子量用于较宽的分子量分布都有缺点，最好用它们来表示较窄分子量分布级分的特征，分子量分散程度可以用重量分子量和数量分子量的比值来度量。这个值越接近 1，说明分子量分布越窄，比值越大，说明淀粉中分子量较大的分子所占总数的比重较高。

几种淀粉的平均聚合度如表 3 - 1 所示。数量平均聚合度 $\overline{DP_n}$ 总是比重量平均聚合度大，其原因就是自然淀粉中主要成分是大分子的支链淀粉。

表 3 - 1　淀粉分子的平均聚合度及分布比例

（高嘉安，2001）

样品	$\overline{DP_n}$	$\overline{DP_w}$	分散度	重量平均聚合度分布（%）		
				<3 500	3 500~10 500	>10 500
玉米淀粉	7 900	520	14.14	48.59	11.75	39.57
马铃薯淀粉	14 000	1 130	12.39	12.36	13.71	64.93
豌豆淀粉	10 600	1 180	8.98	37.27	12.66	50.07

3.2　直链淀粉

3.2.1　基本结构

α - D - 葡萄糖通过 α - 1,4 葡萄糖苷键连接形成的链状结构是其基本构造，但也存在少量分支的分子，分别称之为直链分子和分支分子，基本性质相似。表 3 - 2 表示各种植物起源的淀粉中提纯直链淀粉测定的有关构造的基本性质。β - 淀粉酶的分解限度为

70%～96%，大部分为75%～85%，青价为1.2～1.6 g，碘结合量为19.5～21.0 g。与支链淀粉相比，直链淀粉碘呈色反应为深蓝色，从饱和丁醇溶液中结晶、沉淀。分子的大小数量平均聚合度$\overline{DP_n}$为700～5 000，重量平均聚合度$\overline{DP_w}$为2 400～12 000，比支链淀粉小一个数量级。

表3-2　直链淀粉分子的性质

（不破英次等，2003）

植物种	β-淀粉酶分解率（%）	分支分子重量（摩尔，%）①	分支数		$\overline{DP_n}$	$\overline{DP_w}$	聚合度分布	[η]（mL/g）②
			全体	分支分子				
水稻								
屉锦	81	31 (46)	2.5	8.0	1 100	3 090	280～9 690	216
IR48	82	32 (59)	1.5	4.7	930	3 420	440～14 000	243
IR64	87	25 (33)	1.3	5.1	1 020	3 300	420～13 000	249
IR32	73	49 (60)	3.2	6.5	1 040	2 750	290～8 800	180
IR36	84	32 (50)	1.5	4.7	920	2 810	210～9 800	208
IR42	76	38 (52)	3.3	8.7	980	3 320	260～13 000	192
小麦								
ASW	81	40	4.8	12.0	1 180	3 480	360～15 600	183
农林6	83	29	4.0	—	1 500	4 200	410～15 000	269
大麦								
Bomi	87	—	5.4	—	1 120	4 470	180～16 300	257
Shx	82	—	5.3	—	1 230	4 610	210～17 200	267
玉米	82	48	2.4	4.4	990	2 500	400～14 700	183
菱	95	11	0.9	10.1	800	4 210	160～8 090	—
栗	91	34	3.5	11.4	1 690	4 020	440～14 900	242
西米								
低黏度	80	41	6.8	16.4	2 490	4 380	640～11 300	266
高黏度	74	62	10.4	18.3	4 090	11 600	960～36 300	507
葛	75	53	3.8	6.8	1 540	3 220	480～12 300	202
甘薯	76	70	7.8	12.6	4 100	5 430	840～19 100	—

（续）

植物种	β-淀粉酶分解率（%）	分支分子重量（摩尔,%）[1]	分支数		$\overline{DP_n}$	$\overline{DP_w}$	聚合度分布	[η] (mL/g)[2]
			全体	分支分子				
山芋	86	29	2.8	—	2 000	—	—	—
藕	90	38	6.7	—	4 200	8 040	520～42 000	426
慈姑	80	—	5.8	—	2 840	7 080	570～21 300	427
蕨	77	—	4.2	—	1 990	3 800	670～8 500	315
百合	89	39	3.9	10.1	2 310	5 010	360～18 900	—
食用美人蕉	83	21	2.2	—	1 380	5 480	550～14 400	361
马铃薯								
紫	85	—	3.9	—	2 190	5 400	590～12 150	370
红	87	—	3.9	—	2 110	5 130	560～11 750	368

注：①温度为 22.5 ℃，1 mol/L NaOH；②重量（%）。

植物淀粉分子的大小，是植物种的一个鲜明特色。从数量平均聚合度来看，玉米等谷类作物的淀粉分子小，是 1000；根、球根、根茎等地下茎的直链淀粉分子较大，是 2 000～4 500；葛和食用美人蕉等的直链淀粉分子也较小，分别是 1 540 和 1 380，位于谷类和地下茎的直链淀粉分子大小中间位置。像高直链淀粉玉米那样的直链淀粉分子，较通常的谷类作物小。

不同来源的大麦品种间测定结果的数量聚合度是 830～1 570，差异非常大。对于水稻，所谓的高直链淀粉含量的籼稻的直链淀粉分子是比较小的（Takeda et al.，1987）。由此可见，直链淀粉分子大小是植物种与品种的特征，并且，在小麦和大麦中存在大粒淀粉粒和小粒淀粉粒共存的现象。Takeda 等将大麦的淀粉粒分成大、中、小 3 组，详细进行直链淀粉与支链淀粉构造分析，并未发现哪个成分存在构造差异。分子构造主要受遗传控制，气温、土壤等环境因子也会使之发生某种程度的变化。高直链淀粉中的分子之所以小，可能是因为合成过程中迅速结晶化，分子不能变大。

3.2.2　直链分子和分支分子

直链淀粉的定义是由 α-D-葡萄糖通过 1 位和 4 位脱水结合形

成氢键而构成的直链状高分子。但 Hizukuri 等（1981）、Takeda 等（1987）通过系列研究，明确直链淀粉分子存在少量侧支。侧支的碘呈色、甲醇反应等与真的直链淀粉相同，分离也是不可能的，因此仍将其当作直链淀粉来对待。所以，与其说直链分子是直链的，不如说是具极少量分支的分子更恰当。

虽然直链淀粉有分支，但并不与支链淀粉相混淆，碘呈色反应和支链淀粉及其限界糊精完全不同。表 3-3 是限界糊精和直链淀粉的性质比较，可见直链淀粉的 β-限界糊精和直链淀粉有相似的性质。

表 3-3　稻的限界糊精（β-极限糊精）性质比较

性质	直链淀粉	β-极限糊精	β-极限糊精/直链淀粉*
百克碘结合量（g）	20.3	20.0	0.92～0.98
青价	1.53	1.49	—
λ_{max}（nm）	650	655	—
数量平均聚合度 $\overline{DP_n}$	990	1 060	0.8～1.1
平均链长 $\overline{CL_n}$	270	108	0.36～0.42
β-淀粉酶分解限度（%）	80	—	
平均链数（$\overline{NC}$）	3.6	9.8	1.8～2.7
摩尔比率			
直链分子（%）	70	0	
分支分子（%）	30	100	

注：* 指除水稻外，多数试材的值。

并不是全部的直链淀粉都存在分支，也有仅仅只存在直链的。因此，直链分子中存在分支分子和直链分子，二者目前还不能分离。分支分子的侧链少并且分支短，所以与直链分子一样能够形成碘素、甲醇的复合体，但是求样品中二者的比例是可能的。

分支分子的分子量几乎是直链分子的两倍，但是各种植物起源的直链淀粉中分支分子的量（摩尔）为 20%～70%。因此，从重量来看，与分支分子相比，直链分子是比较大的。

用β-淀粉酶完全分解直链淀粉，直链部分和分支部分的外部链分解为麦芽糖和葡萄糖，剩余分支分子是极限糊精，极限糊精保留了分支的全部结合点。所以，从极限糊精的分支结合数就能知晓分支分子的分支结合数。分支分子的β-淀粉酶的分解限度是40%。小的直链分子完全被β-淀粉酶分解，大的分支分子的一部分（大约40%）被分解，大部分以极限糊精的形式剩余。通过分析数种水稻直链淀粉，结果表明，分支分子大小约是直链分子的1.8倍，小麦为2.6倍，玉米为2.1倍，但大多数试材的平均值是2.0倍。

直链淀粉分支度，连同直链分子在内的整体占比为0.20%。如果仅限于分支分子，则是0.45%，大约是支链淀粉的1/10。分支数量就全部分子而言，平均每个分子相当于1～10个，局限于分支分子则为4～20个。虽然谷类与薯类分子大小不同，但分支结合的比率不变。尽管分支分子的分支度比支链淀粉的分支度小一个数量级，β-淀粉酶的分解限度是40%，更一直低于支链淀粉（支链淀粉是55%～60%），其原因可能是分支直链淀粉与支链淀粉的分支样式不同。

由于存在细小的单位链，可能形成小的房状结构。

3.3 支链淀粉

3.3.1 基本构造

各种植物起源的支链淀粉性质归纳列入表3-4。根淀粉，特别是马铃薯淀粉的青价高。在水稻中，粳型的低，籼型的高。青价与碘结合量虽然都是基于相同的碘反应而得到的，但二者之间相关性低。例如，马铃薯的青价高，碘结合量低；但水稻，特别是籼稻，青价、碘结合量都高。马铃薯等根茎的青价之所以高，因为单位链的分布和谷类不同，B链较多，平均而言，单位链长度是起因。B链多即使青价高也几乎与碘结合量没有关系。但是，谷类支链淀粉中存在根茎类不存在的直链淀粉样的超长链，这使青价和碘

表3-4　支链淀粉的性质

（不破英次等，2003）

植物种	青价	碘结合量	λ_{max} (nm)	有机磷 (mg/kg)	6位的酯化磷 (mg/kg)	β-淀粉酶分解限度	平均链长	$[\eta]$ (mL/g)
粳稻								
越光	0.049	0.39	535	11	11	59	20	137
雁锦	0.051	0.49	531	13	13	58	19	134
籼稻								
IR48	0.100	0.86	548	5	5	58	20	157
IR64	0.080	0.63	542	14	12	59	21	152
IR32	0.150	1.62	565	22	21	56	21	150
IR36	0.156	1.62	565	29	28	59	21	170
IR42	0.232	2.57	575	11	9	58	22	165
小麦								
ASW	0.098	0.89	552	9	<1	57	20	145
农林61	0.099	0.93	551	13	<1	59	20	148
大麦								
Bomi	0.090	0.73	540	—	—	60	20	147
Shx	0.110	0.82	546	—	—	59	20	148
玉米	0.110	1.10	554	14	4	59	22	—
菱	0.120	0.41	554	44	24	59	22	—
栗	0.184	0.51	—	61	43	55	23	176
西米								
低黏度	0.082	0.43	532	86	52	59	22	142
高黏度	0.067	0.12	528	97	55	60	22	160
葛	0.135	0	556	158	121	57	21	—
甘薯(农林2号)	0.176	0.38	—	117	95	56	21	193
山芋	0.168	0.07	—	139	104	—	24	—

（续）

植物种	青价	碘结合量	λ_{max} (nm)	有机磷 (mg/kg)	6位的酯化磷 (mg/kg)	β-淀粉酶分解限度	平均链长	[η] (mL/g)
藕	0.125	0.22	—	50	21	55	22	—
慈姑	0.141	0.38	—	58	—	57	20	150
蕨	0.140	0	—	90	53	55	22	154
百合	0.163	0.37	—	75	42	57	24	—
食用美人蕉	0.230	0.34	558	555	410	60	24	176
马铃薯								
紫	0.245	0.06	—	900	840	56	23	—
红	0.240	0.08	—	650	613	56	23	—

结合量都较高。直链的直链淀粉聚合度和青价的关系是：聚合度从36到70，青价急剧上升，但是这以上的聚合度则变化很小。λ_{max}也有同样的变化。也就是说，青价对于支链淀粉链单位链链长的细微分布也表现出敏锐变化。但是，碘结合量认为支链淀粉单位链链长不达到相当长度，感度就不好。因此，通过比较二者的值，可以察知支链淀粉构造上的不同。

λ_{max}范围一般在 530～560 nm，但是高直链淀粉玉米、青价高的籼稻则达 575 nm。这是由于存在属于直链淀粉与支链淀粉中间成分，或者与直链淀粉相类似的超长链的存在。

有机磷有两种，一是由磷脂而来，二是在葡萄糖的 6、3 位酯键结合。前者在谷类中较多，后者在薯类中较多。

β-淀粉酶的分解限度通常是 55%～60%，根茎类尽管平均链长比较长，但大多比较低；相反，平均链长短的水稻接近 60%。这反映出二者分支构造有所不同，但其机理目前尚不清楚。

平均单位链长谷类短，根茎类长，这与结晶构造相关联。极限黏度，谷类（日本米和小麦）小，原因是质量小，分子的形状接近球形等。

支链淀粉分子的大小，在天然高分子中是最大的一种，通过化学方法、物理方法准确测定都很困难。化学方法通过末端基的定量测定，能测定平均聚合度，但数量平均聚合度只是概算值。分子量分布的幅度大，重量平均聚合度达到数量平均聚合度的 10～100 倍。

3.3.2　房状结构和单位链的分布

支链淀粉通常占淀粉总量的 78％～85％。其结构目前已经比较清楚，从平面结构看是一个房（束簇，micelles）状结构（图 3 - 8a、表 3 - 5）。淀粉颗粒由重复的生长环组成（图 3 - 8b），每个生长环的厚度为 200～400 nm，每个生长环含有半结晶区（semi - crystalline growing ring）和无定形区（amorphous region）。半结晶区由交替的结晶片层（crystalline lamellae）和无定形层（amorphous lamellae）组成（图 3 - 8c）。结晶区由簇状的短分支淀粉形

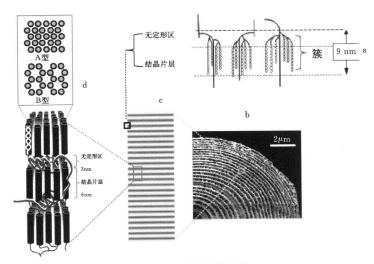

图 3 - 8　支链淀粉结构

a. 平面的簇状结构　b. 淀粉颗粒内部相间排列的生长环结构，中间示脐心　c. 交替排列的结晶片层和无定形层　d. 相邻的支链淀粉链形成双螺旋，以晶体片层包裹，在不同的空间双螺旋排列呈现 A 型或 B 型两种排列方式

成双螺旋，再进一步排列形成结晶构造，结晶片层厚度约为 6 nm。短链所形成的双螺旋要么排列成葡萄糖密集的 A 型，要么排列成由 6 个葡萄糖组成的不密集的六边形的 B 型。每两个结晶层中间由不规则的支链淀粉和直链淀粉组成无定形层（Amorphous region），无定形层为 3 nm，实质主要是穿越两个结晶层的 B 链（图 3 - 8d）。在淀粉颗粒内部，糖链以脐点为中心呈辐射状排列，并且非还原端朝向表面，由结晶片层和无定形片层交替排列形成半晶体的淀粉粒，有组织排列的支链淀粉分子包装成淀粉粒的基本结构。通过 I_2 - IK 染色发现，直链淀粉分子位于淀粉粒的核心部分，而支链淀粉位于淀粉粒的外周。淀粉粒中结晶区为颗粒体积的 25％～50％，其余为无定形区。

通过脱支分析发现，支链淀粉链长大部分是 DP 为 10～20 的短链（A 和 B_1 链）。这些短链构成一个房，而 B 链的 B_2、B_3、B_n 分别构成 2 个、3 个、n 个房，即贯穿 2 个、3 个、n 个房。这个长度有周期性，能够很好地说明房状结构。如这个数据所示，一个房的链数（A＋B_1）是全链的 90％，延伸到第二个或与两房共同的链约 10％，3 个房是 1％，参与 4 个以上的房约 0.1％。这样，大部分链参与形成一个房，连接房的长链的数量是很少的。B_3 与 B_2 以及 B_2 与 B_1 的长度差相当于房的大小。但是，与前者相比，后者作为房的大小是适宜的。因植物种类不同而存在差异，但认为房的大小多为 27 个、28 个葡萄糖残基。房的根本是分支多，非晶质，而在先端，12～16 个葡萄糖残基形成双重螺旋，形成结晶领域。

A 链与 B 链的比例，多为 1：1.2，糖元是 1：1。桧作等详细讨论了小麦支链淀粉单位链的种类，得到 A：B＝1.26：1、A：Ba＝2.1：1、Ba：Bb＝1.7：1 的结果。也就是说，1 个 Ba 链与 2.1 个 A 链结合，结合 A 链的 B 链（Ba 链）是不结合 A 链仅结合 B 链的 B 链（Bb）的 1.7 倍，这个结果是从支链淀粉的 β-限界糊精解析结果得到的。

支链淀粉单位链的平均链长，已经有多种方法可以检测。支链淀粉最小的分布是聚合度为 6（比这个更小的微量物质也存在），谷类作物中链长为 10 的最多；薯类物质中链长为 11、12 的最多，6、7、8 减少，其次是 9、10，开始上升，其机理不清楚，但是这可以作为链长分布的一个特征（表 3-5）。

表 3-5　支链淀粉的链长分布

（不破英次等，2003）

| 种类 | 单位链 | | | | | | 长链 | A/B_1-4 |
	全体	A	B_1	B_2	B_3	B_4		
糯米								
链长（峰）		13	19	41	69			
重量平均链长	24	13	22	42	69	100		
重量（%）	100	50.0	26.2	18.9	4.1	0.8		
摩尔（%）	100	69.2	21.7	8.0	1.0	0.1		22
小麦								
链长（峰）		11	18	40	80			
重量平均链长	25	13	22	43	79	140		
重量（%）	100	42	32.7	16.7	3.2	0.9	4.5	
摩尔	100	63.2	28.4	7.5	0.8	0.1	0	1.7
木薯								
链长（峰）		11	18	28	62			
重量平均链长	26	12	21	42	69	115		
重量（%）	100	38.5	32.5	23.0	5.1	0.9		
摩尔	100	59.6	28.7	10.2	1.4	0.1		1.5
西米								
链长（峰）		13	14	35				
重量平均链长	23	11	18	43	61	133		
重量（%）	100	29	46.2	20.3	3.5	0.5	2.6	
摩尔	100	45.7	44.8	8.4	1.0	0.1		0.84
葛								
链长（峰）		13	16	39	72			

（续）

种类	单位链						长链	A/B₁ - 4
	全体	A	B₁	B₂	B₃	B₄		
重量平均链长	26	13	20	42	70	119		
重量（%）	100	30.7	42.7	20.2	5.4	1.0		
摩尔	100	47	41.9	9.4	1.5	0.2		0.89
马铃薯								
链长（峰）		16	19	45	74			
重量平均链长	35	16	24	48	75	104		
重量（%）	100	27.8	34.9	26	9.1	2.3		
摩尔	100	44.2	38.1	14	3.1	0.6		0.79

3.3.3 支链淀粉中的超长链

用凝胶过滤法调查大米、小麦等谷类淀粉的支链淀粉单位链分布，发现存在一定比例和直链淀粉同样大小（聚合度 1 000 左右）的支链淀粉长单位链，称之为超长链（super - long chain，SLC）。表 3 - 6 表示了各种植物支链淀粉超长链的量、大小以及青价和碘

表 3 - 6 支链淀粉超长链（SLC）的量及其关联性质

（不破英次等，2003）

种类	量（%）	DP	青价	碘结合量
糯稻	0	—	—	—
低直链淀粉水稻	2~3	—	0.05	0.39~0.49
中等直链淀粉含量水稻	4~5	—	0.08~0.10	0.63~0.87
高直链淀粉含量水稻	9~14	—	0.15~0.23	1.62~2.57
普通玉米	11	—	0.12	1.2
高直链淀粉含量玉米	2~4	1 100~1 600	0.43~0.44	3.6~4.6
小麦	4~6	—	0.08~0.12	0.7~1.12
大麦	4	530~700	0.09	0.73
马铃薯	0~0.8	—	0.24~0.25	0.06~0.08
西米	0.9~3.3	—	0.06~0.08	0.12~0.43
慈姑	3.0	1 200	0.14	0.38
藕	1.8	1 900	0.13	0.22

结合量。Hanashiro 等（2005）通过异淀粉酶酶切、分离甲醇复合体沉淀（the structure of the precipitate，LCppt）分析了大米、玉米、小麦、荞麦、苦荞麦、番薯的支链淀粉超长链结构，采用 2 - 氨基吡啶荧光标识/HPSEC 法，分析 SLC 的链长结构特征，发现通过荧光标识/HPSEC 法得到的数量平均聚合度为 330～490，平均链数（NC）为 1.2～1.4，表明 LCppt 的聚合度分布在不同植物种间也有很好的相似性，与直链淀粉不同。如果假定 NC 值为 1 以上，则 LCppt 含有的分支摩尔比是 5.1～5.9，因此 SLC 侧链用异淀粉酶不能完全切除。但不能被异淀粉酶切支的原因不明，这一点与直链淀粉也有抵抗异淀粉酶的作用相一致。

在糯质谷物的支链淀粉中不存在超长链，马铃薯也几乎不存在。超长链不是直链淀粉由来的结合支链淀粉，用甲醇不发生沉淀，但是用异淀粉酶处理成单位链后，用甲醇便会沉淀。

由于存在直链淀粉、支链淀粉及超长链，Horibata 等（2004）指出，通过碘蓝比色法分析所得到的直链淀粉为表观直链淀粉（apparent amylose，AAM），剩余的支链淀粉为表观支链淀粉（apparent amylopectin，AAP），但 AAM 中包含真正的直链淀粉（true amylose，TAM）和支链淀粉中的超长链（图 3 - 9）；并认为日本粳稻品种超长链大致可分为：糯稻为 0，越光类（AAM，6.8％～19.7％）含 1％～2％的 K 型，星丰类（AAM，27.6％～32.2％）含 5％～7％的 H 型和梦十色类（AAM，29.2％～32.4％、IR2061 - 214 - 3/密阳 21 号）含 13％～16％的 Y 型 4 个品种群。可以认为，日本育成的同样是高 AAM（AAM 大于27％）材料，其 AAM 局限于 5％～7％的 H 型和 13％～16％的 Y 型之特征。从支链典范整体特征来看，K 型支链淀粉属于 LS 或 MS 型，H 型或 Y 型则属于 HS 型。H 型淀粉的 TAM 含量在21.2％～25.1％范围内，高于其他类型淀粉。进一步结合直链淀粉特点，则可以分为 4 类：即直链淀粉和 SLC 都没有、低或中直链淀粉和低 SLC、高直链淀粉和中 SLC、高直链淀粉和高 SLC。Inouchi（1987）测定了包括糯、籼、粳在内的 25 个亚洲及其他国

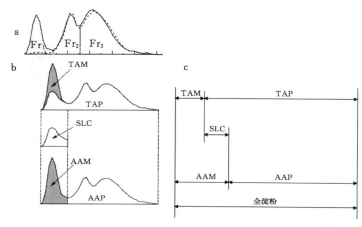

图 3-9　水稻淀粉构成成分解析

(Horibata et al.，2004)

a. 凝胶色谱法洗脱的越光淀粉色谱图　b. 色谱图中淀粉成分分解　c. 基于图 b 的稻米实际淀粉成分组件

注：TAM 为真正直链淀粉（true amylose）；TAP 为真正支链淀粉（true amylopectin）；SLC 为超长链（super-long chain）；AAM 为表观直链淀粉（apparent amylose）；AAP 为表观支链淀粉（apparent amylopectin）。

家栽培水稻材料的淀粉组分，认为超长链分布范围为 0.4%～13.4%，并认为 SLC 含量与 Wx 蛋白密切相关。Aoki（2006）的遗传分析进一步表明，Wx 基因控制 SLC 的合成。

3.3.4　单位链长与粒的结晶构造

不同类型作物 X 型回折曲线不同（图 2-13），谷类、西米的平均长链短，为 A 型曲线；马铃薯等链长较长，为 B 型曲线；葛、藕等表现为中间长度，为 C 型曲线。这个事实表明，淀粉粒的结晶构造依存于支链淀粉的单位链长，长的单位链多的是 B 型结晶，短的单位链多的是 A 型结晶。数量平均链长为 20 以下的是 A 型，22 以上的是 B 型，中间的是 C 型，但是 C 型中混杂 A 型、B 型。在中间位置的类型易受温度的影响，低温容易生成 B 型，高温容易生成 A 型。Jane 等（1997）对糯玉米、普通玉米、高直链淀粉玉米、马铃薯、西米等的淀粉糊精进行研究，比较不被异淀粉酶切支分解物的链长发现，A 型比 B 型短的 A 链多，并且，在结晶与非结晶领域，A 型分支点的结合呈分散状存在，B 型则主要存在非结晶领域。结晶构造和分子构造有关联，因而从结晶构造可以推测淀粉的机能性质。例如，分析多数的番薯、荞麦淀粉的糊化特性，同一种淀粉，短链多的糊化温度低，糊化的熵也低，并且，谷类作物单位链短会导致支链淀粉老化慢。

同一条件下（温度、浓度），从水溶液中结晶淀粉糊精，则发现平均链长短的是 A 型，长的是 B 型。并且，Pfannemüller（1987）采用纯粹的麦芽糖，发现聚合度为 10 的结晶化为 A 型，聚合度为 11 的结晶化为 B 型。因此，支链淀粉单位链的链长决定了结晶构造。

3.3.5　结合磷酸

磷主要以磷酸酯的形式结合在 3、6 位葡萄糖上，2 位也存在微量的磷酸酯。

马铃薯支链淀粉磷酸基的量为 300～1 000 mg/kg，马铃薯淀粉（水分约 16%）在室温长时间（数年）保存的话，会慢慢分解，淀粉中无水磷酸增加，并且，通过湿热处理（水分约 20%，温度为 126 ℃），会使磷酸脱离。此时，3 位的磷酸消失，相对提高了 6 位磷酸的量。马铃薯支链淀粉在 6 位和 3 位存在的磷酸比例大约是 2:1，但长期保存为 3:1，或者，这之上的 6 位磷酸多了。湿热处理使这样的现象显著化。无机磷酸量增加，6 位磷酸变为磷酸的酯的相对量增加，长时间处理，几乎 90% 变为 6 位的酯（Hizukuri et al.，1970）。支链淀粉的酯结合磷酸量，除马铃薯以外，白薯、百合、葛等根的淀粉存在比较多（30～100 mg/kg），谷类淀粉主要是磷脂，结合型的磷酸酯是少量的，为 0～20 mg/kg。马铃薯支链淀粉分子中磷脂的结合场所，竹田、檜作等通过酶分解法进行了详细研究，结合磷酸基的平均单位链长是 42 个单位，比支链淀粉整体的平均单位链长（24）远远长，所以主要是结合在 B 链上。磷酸基在分支结合部位附近（9 个残基内）几乎没有，

1/3 是B链的内部链，2/3 是 B 链的外部链，一部分存在 A 链上。Blennow 等 (2000) 分析了 44 种淀粉 6 位酯化磷酸含量和粒的结晶构造、单位链的分布关系，B 链则 6 位磷酸酯多，DP 为 17～23 长链的酯化磷酸占比较多。

磷酸基给予中性的支链淀粉负电荷，具有了高分子电解质的性质。变成水溶液，磷酸化部位相互反弹，增大了分子容积，马铃薯淀粉糊化，磷酸化部位越高则给予大的润胀、高的黏度。但是，这个黏度容易受到食盐的影响，电解质特别是阳离子存在的话，磷酸酯间形成桥接，黏度显著下降。

3.4 介于直链淀粉与支链淀粉之间的中间成分

高直链淀粉玉米的支链淀粉分子比普通的支链淀粉外部链、内部链异常的长，是一种 $\alpha-1,4$ 葡聚糖的直链淀粉和 4％～5％的 $\alpha-1,4-\alpha-1,6$ 葡聚糖结合物。最终，这种淀粉是与直链淀粉、支链淀粉都相近的几种分子的混合物，是一种介于直链淀粉、支链淀粉之间的中间成分。Whistler 等 (1961) 认为，ae、su_2 这些玉米的直链淀粉组分的碘结合量和分子量比通常的直链淀粉小，因此认为在这类生物中存在近于通常的直链淀粉的中间性质的分子。

竹田等采用柱凝胶将高直链淀粉玉米的支链淀粉组分连接东洋珍珠 HW-75 和 HW-55S 凝胶柱进行组分划分，结果表明，高直链淀粉玉米的支链淀粉组分可以明显划分为数种分子的集合体（表3-7）。占支链淀粉分子 47％的 FW 和 FSa 的组分用 β-淀粉酶的分解限度是 57％，表现为支链淀粉的性质；但是碘结合量与青价、平均链长又表现为直链淀粉和支链淀粉中间的性质，分子大小与直链淀粉相当，可以明显表现为中间成分，最小的分子组分 FSb，无论是从分子大小还是分支度来看，都是小的直链淀粉，而最大的组分 FL 则通常是支链淀粉。这些结果表明，内部链和外部链都比普通的直链淀粉长。换言之，分支结合数比普通支链淀粉少，FM 和 FSa 不是普通的玉米淀粉。

表 3-7　高直链淀粉玉米的淀粉组分划分

性质	组分				支链淀粉
	FL	FW	FSa	FSb	
重量（%）	26	32	15	27	100
百克碘结合量（g）	1.94	4.43	7.23	9.57	4.63
青价	0.275	0.370	0.445	0.655	0.441
最大吸收波长	571	574	574	580	575
DP_n			1 330	92	
DP_w		19 200	2 110	120	
DP		7 230~42 600	230~13 400	40~330	
异淀粉酶分解	28	33	39	50	32
β-淀粉酶分解限度（%）	58	57	57	74	61
平均内部链长	19	21	25	39	22
平均外部链长	9	12	15	10	9
平均链数			32	1.9	

中间组分的 FSb 是分支结合数为平均两条糖链组成的小直链淀粉分子。由此，分解高直链淀粉玉米的支链淀粉组分，其结果显示存在多样的分子。井内（Inouchi et al.，1987）、不破、Wang 等（1993）对多数的玉米变异种，用异淀粉酶切支后调查其链长，具有 ae 基因的 F₂（支链淀粉的长链组分）的组分多，F₃（支链淀粉的短链组分）/F₂ 比普通种小。也就是说，ae 基因由来的支链淀粉是比普通支链淀粉长链多的异质分子。Colona 等（1984）从一种名为皱纹豌豆（wrinkled pea）的淀粉离心分离，得到占总组分 18.9% 的两种组分（分别是 16.3% 和 2.6%），β-淀粉酶分解限度接近直链淀粉的 69%~72%，但是碘结合量为 8.7~9.5 g；直链淀粉和支链淀粉的中间值，平均单位链长 28.9 DP，单位链的分布用凝胶过滤，在空隙位置溶出少量物质，这相当于支链淀粉，但大部分不能明确是直链淀粉还是支链淀粉；链聚合度是 45（F₂）和 15（F₃），两者的比（F₃/F₂）是 3.6，和支链淀粉明显不同，处于

中间位置。此外，普通豌豆、皱纹豌豆的 F_3/F_2 分别是 8.1 和 9.6。Bertoft 等（1993）也通过 β-淀粉酶的分解和分解产物的分析得到同样的结果，提出中间产物的房状结构的提案，大麦（Wang et al.，1994）、高直链淀粉的水稻等也有同样的中间分子存在。

参 考 文 献

蔡一霞，王维，朱智伟，等，2006. 不同类型水稻支链淀粉理化特性及其与米粉糊化特征的关系. 中国农业科学，39（6）：1122-1129.

高嘉安，2001. 淀粉与淀粉制品工艺学. 北京：中国农业出版社：1-50.

贺晓鹏，朱昌兰，刘玲珑，等，2010. 不同水稻品种支链淀粉结构的差异及其与淀粉理化特性的关系. 作物学报，36（2）：276-284.

王忠，2015. 水稻的开花与结实. 北京：科学出版社：1-51.

不破英次，小卷利章，檜作进，等，2003. 淀粉科学の事典. 東京都新宿区新小川町 6-29：朝倉書店：12-35.

Aoki N，Umemoto T，Yoshida S，et al.，2006. Genetic analysis of long chain synthesis in rice amylopectin. Naoyoshi Inouchi Euphytica，151：225-234.

Ayako S，Kiyoshi S，Yasuhito T，et al.，1994. Structures and pasting properties of potato starches from Jaga Kids Purple '90 and Red '90. Journal of Applied Glycoscience，41：425-432.

Barbara P，Samuel C，Zeeman，2016. Formation of starch in plant cells. Cell Mol. Life Sci.，73：2781-2807.

Bertoft E，Manelius R，Qin Z，1993a. Studies on the structure of pea starches. part 1：separation of starch and gluten. Starch/Stärke，45：255-258.

Bertoft E，Manelius R，Qin Z，1993b. Studies on the structure of pea starches. part 2：α-amylolysis of granular wrinkled pea starch. Starch/Stärke，45：258-263.

Bertoft E，Manelius R，Qin Z，1993c. Studies on the structure of pea starches. part 3：amylopectin of smooth pea starch. Starch/Stärke，45：377-382.

Bertoft E，Manelius R，Qin Z，1993d. Studies on the structure of pea 4 starches. part 4: intermediate material of wrinkled pea starch. Starch/Stärke, 45: 420 - 425.

Blennow A, Engelsen S B, Munck L, et al. , 2000. Starch molecular structure and phosphorylation investigated by a combined chromatographic and chemometric approach. Carbohydrate Polymers, 41: 163 - 174.

Chieno T, Yasuhito T, Susumu H, 1993. Structure of the amylopectin fraction of amylomaize. Carbohydrate Research, 246: 273 - 281.

Chinnaswamy R, Bhattacharya K R, 1986. Characteristics of gelchromatographic fractions of starch in relation to rice and expanded rice product qualities. Staerke, 38: 51 - 57.

Hanashiro I, Abe J, Hizukuri S, 1996. A periodic distribution of the chain length of amylopectin as revealed by high - performance anion - exchange chromatography. Carbohydr. Res. , 283: 151 - 159.

Hanashiro I, Matsugasako J, Egashira T, et al. , 2005. Structural characterization of long unit - chains of amylopectin. J. Appl. Glycosci. , 52: 233 -237.

Hidetsugu F, Naoyoshi I, David V, et al. , 1999. Structural and physicochemical properties of endosperm starches possessing different alleles at the amylose - extender and waxy locus in maize (*Zea mays* L.) . Starch/Stärke, 51: 147 - 151.

Hizukuri S, Tabata S, Ziro N K, 1970. Studies on starch phosphate part 1. estimation of glucose - 6 - phosphate residues in starch and the presence of other bound phosphate (s) . Starch/Starke, 22 (10): 338 - 343.

Hizukuri S, Takeda Y, Maruta N, et al. , 1989. Molecular structure of rice starch. Carbohydr. Res. , 189: 227 - 235.

Hizukuri S, Takeda Y, Yasuda M, et al. , 1981. Multi - branched nature of amylose and the action of debranching enzymes. Carbohydr. Res. , 94: 205 -213.

Inouchi N, Glover D V, Fuwa H, 1987. Chain length distribution of amylopectins of several single mutants and the normal counterpart, and sugary - 1 phytoglycogen in maize (*Zea mays* L.) . Starch/Stärke, 39: 259 - 266.

Jane J, Wong K, Andrew E, et al. , 1997. Branch - structure difference in starches of A - and B - type X - ray patterns revealed by their Naegeli dextrins. Carbohydrate Res. , 300：219－227.

Miss M, Asaoka K, Okuno Y, et al. , 1986. Characterization of endosperm starch from high－amylose mutants of rice (*Oryza sativa* L.) . Starch/ Stärke, 38：114－117.

Nakamura Y, Sakurai A, Inaba Y, et al. , 2002. The fine structure of amylopectin in endosperm from Asian cultivated rice can be largely classified into two classes. Starch/Stärke, 54：117－131.

Naoyoshi I, Hideo H, Ten L, et al. , 2005. Structure and properties of endosperm starches from cultivated rice of Asia and other countries. J. Appl. Glycosci. , 52：239－246.

Noriaki A, Takayuki U, Shinya Y, et al. , 2006. Genetic analysis of long chain synthesis in rice amylopectin. Euphytica, 151：225－234.

Paul C, Christiane M, 1984. Macromolecular structure of wrinkled－and smooth－pea starch components. Carbohydrate Research, 126：233－247.

Peat S, Whelan W J, Pirt S J, 1949. The amylolytic enzymes of soya bean. Nature, 164：499－500.

Pfannemüller B, 1987. Influence of chain－length of short monodisperse amyloses on the formation of A－type and B－type X－ray－diffraction patterns. Int. J. Biol. Macromol. , 9：105－108.

Sumiko N, Hikaru S, Ken' ichi O, 2015. Development of formulae for estimating amylose content, amylopectin chain length distribution, and resistant starch content based on the iodine absorption curve of rice starch. Bioscience, Biotechnology, and Biochemistry, 79 (3)：443－455.

Takeda Y, Hizukuri S, Juliano B O, 1987. Structures of rice amylopectin with low and high affinities for iodine. Carbohydr. Res. , 168：79－88.

Tetsuya H, Masaaki N, Hidetsugu F, et al. , 2004. Structural and physicochemical characteristics of endosperm starches of rice cultivars recently bred in Japan. J. Appl. Glycosci. , 51：303－313.

Wang L Z, White P J, 1994. Structures and properties of amylose, amylopectin and intermediate matcrials of oat starches. Cereal Chem. , 71：263－268.

Wang Y J, White P, Pollak L, et al. , 1993. Characterization of starch structures of 17 maize endosperm mutant genotypes with Oh43 inbred line background. Cereal Chemistry, 70 (2)：171－179.

Whistler R L，Doane W M，1961. Characterization of intermediary fractions of higu - amylose corn starches. Cereal. Chem. ，38：251 - 255.

Wolff I A，Hofreiter B T，Watson P R，et al. ，1955. The structures of a new starch of high amylase content. J. Am. Chem. Soc. ，77：1654 - 1659.

Yasuhito T，Chieno T，Hiroyuki M，et al. ，1994. Structures of large，medium and small starch granules of barley grain. Carbohydr. Polym. ，38：109 -114.

Yasuhito T，Shinji T，Susumu H，1993. Structures of branched and linear molecules of rice amylose. Carbohydr. Res. ，246：267 - 272.

Yasuhito T，Susumu H，1982. Location of phosphate groups in potato amylopectin. Carbohydrate Research，102：321 - 332.

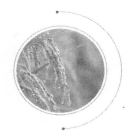

第 4 章
储备淀粉的生物合成

4.1　储备淀粉与同化淀粉合成的差异

如图 4 - 1 所示，绿色植物中淀粉生物合成的第一步是由葡萄糖 1 - 磷酸（G1P）和 ATP 在葡萄糖腺苷二磷酸焦磷酸化酶（AGPase）的催化下，生成葡萄糖供体葡萄糖腺苷二磷酸（ADPglucose），并释放出无机焦磷酸（PPi），如下式所示。

$$G1P + ATP \rightarrow ADPglucose + PPi$$

这一步需要 ATP，释放出无机焦磷酸（PPi），在基质中通过高活性的无机焦磷酸酶快速分解成两摩尔的 Pi。因此，虽然该反应本质上是可逆的，但 AGPase 反应实际上是沿着 ADPglucose 合成方向进行的。根据淀粉合酶催化的方程式，将 ADPglucose 衍生的葡萄糖基转移到葡聚糖引物的非还原性端，通过链长来支持淀粉的合成，如下式所示。

$$ADPglucose + glucan\ primer\ (G_n) \rightarrow glucan\ (G_{n+1}) + ADP$$

式中，G_n 和 G_{n+1} 分别表示葡萄糖残基数为 n 和 $n+1$ 的葡聚糖。

直链淀粉链的伸长是由颗粒结合形式淀粉合成酶（GBSS）催化的（图 4 - 1），而支链淀粉链的合成较为复杂，链长首先被可溶性淀粉合成酶（SS，EC2.4.1.21）拉长，然后淀粉分支酶（BE，EC2.4.1.18）引入 α - 1,6 - 葡萄糖链接。最后，支链淀粉的精细结构通过淀粉脱支酶（DBE）的修剪作用（去除不必要的分支）实

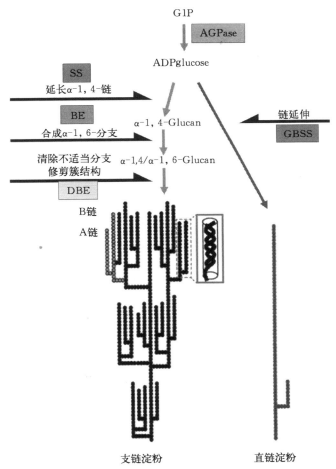

图 4-1　植物淀粉合成的基本模式

(Pfister et al.，2014)

　　注：G1P 为葡萄糖 1-磷酸；AGPase 为焦磷酸化酶；SS 为淀粉合成酶；BE 为淀粉分支酶；DBE 为淀粉脱支酶；GBSS 为颗粒结合型淀粉合酶；ADPglucose 为葡萄糖腺苷二磷酸；α-1,4-Glucan 为 α-1,4-葡聚糖；α-1,4/α-1,6-Glucan 为 α-1,4/α-1,6-葡聚糖。

现的。这样，支链淀粉基本上是由 SS、BE、DBE 三种酶协同作用合成的（图 4-1、图 4-2）。然而，淀粉合成的调控是复杂的，因为每一类酶都有多个性质不同的同工酶。

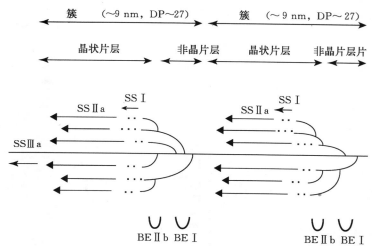

图 4-2　SS I （淀粉合成酶 I ）、SS II a （淀粉合成酶 II a ）和 SS III a （淀粉合成酶 III a ）伸长反应以及 BE I （分支酶 I ）和 BE II b （分支酶 II b ）同工酶的分支反应协同制备的谷类淀粉示意
（Nakamura et al. ，2002，2014）

　　注：支链淀粉簇的基本结构由重复的非晶态片层和晶态片层组成。图中还显示了由 SS 同工酶测定的支链淀粉链的长度。SS I 、SS II a 和 SS III a 在合成非常短的链（A 链）、短的和中间的链（B_1-链）、长链（B_2-B_3-长链）中发挥不同的作用，位于非晶态片层和晶态片层上的分支和/或位于两个片层之间的区域主要由 BE I 和 BE II b 组成。该图是根据水稻植株和酶的结果绘制的。

　　支链淀粉和直链淀粉分子密集地堆积在密度高达 1.6 的淀粉颗粒中（Rundle et al. ，1944），支链淀粉的精细结构决定了淀粉颗粒的半结晶性。可见，如果正常支链淀粉的精细结构受到干扰，淀粉颗粒的形态和理化性质就会发生改变，有时颗粒结构也会发生丢失。支链淀粉的独特结构常被描述为"簇状结构""双峰链长分布结构"或"不对称分支结构"（Hizukuri，1986；Thompson，2000）。

这意味着，支链淀粉分子的分支形成至少包含两个区域，称为晶状片层（crystalline lamella）和非晶状片层（amorphous lamella），在所有植物源中保持单个簇的恒定长度（约 9 nm）（Jenkins et al.，1993）。

在储备器官发育的初始阶段，淀粉的初始合成过程是至关重要的。而在以最大速率合成淀粉的成熟阶段，一级淀粉生物合成过程，即淀粉的放大（或复制）过程，是主要操作。截至目前为止，淀粉合成的初始事件还不十分清楚，但淀粉的放大过程已经非常明了。

植物已经发展出一种能量储存系统。在该系统中，大量的能量借助淀粉颗粒可以在储藏组织中积累起来，这些淀粉颗粒通常被称为储备淀粉。而在光合细胞叶绿体中合成的淀粉粒被称为同化淀粉。这两种淀粉的生理作用是不同的。储备淀粉长期储存，在种子萌发时供下一代使用；同化淀粉白天暂时积累，夜间消耗，支持植物组织的生物活性。这两种淀粉的不同功能的重要性似乎是由它们之间的结构差异所决定的。

在高等植物中，叶绿体产生的同化淀粉和淀粉体产生的储备淀粉在整个代谢途径和淀粉生物合成过程中发生的事件以及其他相关的代谢途径是不同的（图 4 - 3）。

第一，作为淀粉合成的葡萄糖供体的 ADPglucose，为 SS 和 GBSS 提供底物，其合成途径在叶绿体和淀粉体内完全不同。在叶绿体中，F6P 是卡尔文·杰森（Calvin - Benson）循环的一个成员，它首先被转化为葡萄糖 6 - P（G6P），然后分别通过血浆葡萄糖-磷酸异构酶（PGI）和磷酸葡萄糖醛酸酶（PGM）转化为 G1P。随后，G1P 被 AGPase 代谢为 ADPglucose（图 4 - 3a）。然而，在淀粉质体中，光合产物蔗糖通过蔗糖转运体进入胞质，蔗糖降解的第一步是由蔗糖合酶催化形成二磷酸尿苷葡萄糖（UDPglucose）UDP 葡萄糖和果糖，然后 UDPglucose 焦磷酸酶（UGPase）将 UDPglucose 转化为 G1P（图 4 - 3b）。在谷物中，G1P 主要用作为细胞内 AGPase 催化反应来合成 ADPglucose 的底物（Denyer et al.，1996），然后 ADPglucose 通过 ADPglucose trans - porter（有

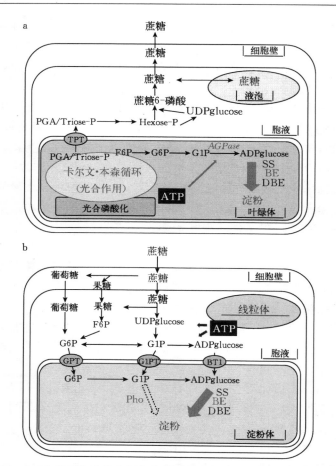

图 4-3　在光合和非光合组织中的淀粉生物合成途径及其代谢示意
(Fettke et al., 2010b)

a. 叶片中同化淀粉的合成　b. 贮藏组织中储备淀粉的合成

注：TPT 为三糖磷酸盐/Pi 转运体，BT1 为 brittl-1 protein（ADPglucose trans-porter），GPT 为 G6P/Pi 转运体，G1PT 为假定的 G1P 转运体，SS 为可溶性淀粉合成酶，BE 为淀粉分支酶，DBE 为淀粉脱支酶

时称为 brittle1 protein）转运到淀粉体（Sullivan，1995；Shannon et al.，1998）。在马铃薯块茎、豌豆胚等其他贮藏器官中，大部分

G1P 转化为 G6P，G6P 通过 G6P 转运蛋白导入淀粉体，再通过 G1P 代谢为 ADPglucose。这一过程的效率是由淀粉体中的 PGM（催化 G6P 转化为 G1P）和 AGPase（催化 G1P 转化为 ADPglucose）活性决定的。也有可能 G1P 通过假定的 G1P 转运体部分直接进入淀粉体（Fettke et al.，2010b）。移位的蔗糖也部分地被纤维素结合转化酶降解为葡萄糖和果糖。这两种化合物经己糖转运体进入胞质后，经己糖激酶转化为 G6P 和 F6P。F6P 通过胞质 PGI 转化为 G6P，然后在谷粒细胞质中通过 PGM 和 AGPase 的作用，或直接进入其他物种的淀粉质体，转化为 G1P 形成 ADPglucose。在谷粒胚乳发育的早期阶段，G6P 被认为在一定程度上进入淀粉体，通过质粒 PGM 和 AGPase 代谢为 ADPglucose。

第二，叶绿体和淀粉体之间 ATP 的供应是不同的。在叶绿体中，ATP 是由光合作用过程中的光合磷酸化系统提供。在非光合作用细胞中，ATP 是由线粒体在暗呼吸过程中运作的氧化磷酸化系统提供的（图 4-3b）。所产生的 ATP 通过核苷三磷酸转运体导入淀粉质体后，提供给细胞质中胞浆内的 AGPase 或质粒内的质粒 AGPase。

第三，在非光合作用细胞与光合作用细胞中起作用的转位体/转运体的类型不同。在非光合作用细胞中，许多定位于不同细胞间隔和细胞器的代谢过程在淀粉合成中起着不同的作用。因此，需要许多转位体/转运体来提供这些活动所需的代谢物和辅助因子。相比之下，光合细胞中的叶绿体几乎包含了整个淀粉生物合成过程的所有酶和辅助因子。因此，这些过程可以在光合作用中独立进行。更准确地说，叶绿体专门产生两种主要的光合产物：淀粉和蔗糖，而主要的 CO_2 固定产物 triose-P 和/或 PGA，被 triose-P 转位剂（TPT）导入细胞质，在细胞质中产生蔗糖（图 4-3a）。为了促进胞质内蔗糖的合成，TPT 将无机磷酸（Pi）从胞质内运输到叶绿体中，并交换相应的 triose-P 和/或 PGA。非光合作用储备细胞中的转运体与光合作用细胞中的转运体不同，它们一定是在植物进化过程中形成的（Weber et al.，2011）。

第四，储备淀粉和同化淀粉的酶活性调控机制不同。在叶绿体中，淀粉的合成与光合作用密切相关，在光合作用细胞中存在的 AGPase 和其他可能的淀粉合成酶的调节特性存在于光合细胞中，这与非光合作用细胞中的不同。

第五，淀粉结构包括支链淀粉的精细结构和淀粉粒结构，储备淀粉和同化淀粉不同，一般储备淀粉结构更复杂。

第六，同工酶在两种组织中表达不同，组织间的酶活性也不同（Nakamura et al.，1989）。例如，一些同工酶如 SSⅡa、GBSSⅠ、BEⅡb 和 ISA1 在水稻胚乳发育过程中几乎完全或优先表达，而另一些同工酶如 SSⅡb、GBSSⅡ、BEⅡa 和 ISA3 在叶片中表达（Ohdan et al.，2005），如图 4-4 所示。

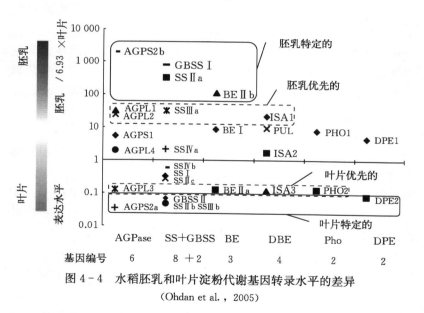

图 4-4　水稻胚乳和叶片淀粉代谢基因转录水平的差异

(Ohdan et al.，2005)

4.2　参与支链淀粉生物合成的多种酶及其同工型

4.2.1　可溶性淀粉合成酶（SS）

SS 的功能是通过 α-1,4-葡萄糖链接，在链的非还原性末端添加支链 ADPglucose 来延长已经存在的葡萄糖链。这个反应是增加淀粉葡萄糖残基数的唯一一步骤，因为在 BE 和 DBE 反应后，淀粉的葡萄糖量没有发生变化。在支链淀粉分子中，应严格控制侧链葡萄糖聚合的长度或程度，否则由长度相近的相邻链组成的双螺旋的排列不均匀（Kainuma et al.，1972）。如何实现这种结构？由于淀粉的生物合成速度非常快，新形成的支链淀粉团簇被迅速填充到淀粉颗粒中。因此，链长在链形成时应同时得到控制，因为单个链的链长在形成后实际上是不可能被修剪的。支链淀粉侧链的另一个基本要求是，其非还原部分应保持不分支，以便外部段足够长，与 DP≥10 的其他链形成双螺旋（Gidley et al.，1987）。在合成支链淀粉的过程中通过 BE 催化的链支化反应，使链长伸长受到抑制，直到链长达到 BE 反应所需的最小链长（12）（Guan et al.，1997；Nakamaruet al.，2010；Sawada et al.，2014）或更长。为了满足这些要求，植物具有多个具不同链长特性的 SS 同工酶，用于储备淀粉的生物合成。

1. 多个 SS 同工酶

绿色植物有 SSⅠ、SSⅡ、SSⅢ和 SSⅣ四种类型的 SS 同工酶。而一些高等植物，如水稻和马铃薯，可能还有 SSⅤ类型。自 20 世纪 70 年代初以来，在水稻（Tanaka et al.，1971）、玉米（Ozbun et al.，1971b；Tanaka et al.，1971）、马铃薯（Hawker et al.，1972）和菠菜（Ozbun et al.，1971a，1972）等作物的许多报道，并根据对葡聚糖类型和柠檬酸等化学物质的反应性进行区分，结果表明，多个 SS 同工酶的协同作用参与了淀粉的生物合成。随后，基因组分析表明，高等植物有许多 SS 基因，如水稻植株中共有 9 个基因（1 个 SSⅠ、3 个 SSⅡ、2 个 SSⅢ、2 个 SSⅣ、1 个 SSⅤ）（Hirose et al.，2004；Ohdan et al.，2005）。

2. SS 同工酶的链长偏好

单个 SS 同工酶对淀粉合成、支链淀粉的精细结构、淀粉颗粒的物理化学性质的贡献已被使用生成的 SS 突变体、转化株植物物种、通过体外研究纯化酶制剂和选定的葡聚糖引物，进行广泛研

究。虽然 SSⅠ占野生型谷类胚乳和拟南芥叶片 SS 活性的 60%~
70%，但单一的 *ss1* 突变可能只会引起淀粉相关表型的细微变化。
然而，值得注意的是，从没有或不同水平的剩余 SSⅠ活性的水稻
ss1 突变株中提取的支链淀粉，在胚乳中始终减少了 DP 为 8～12
的链，增加了 DP 为 6～7 和 DP 为 16～19 的链，而 DP≥21 的长
链比例很少发生变化或没有变化（Fujita et al.，2006）（彩图 4-
1b）。在小麦胚乳中，SSⅠ表达抑制对支链淀粉链型的影响也有类
似的报道（McMaugh et al.，2014）。这些结果表明，SSⅠ在从
DP 为 6～7 的 A 链合成 DP 为 8～12 的链和从最近的分支点出现的
B 链的外链中起着明显的作用。Delvalle 等（2005）也发现，拟南
芥 SSⅠ基因突变显著减少了 DP 为 8～12 的链，但增加了 DP 为 17
～20 的链。这些结果与 SSⅠ参与了支链淀粉短外链段合成的观点
相一致。

众所周知，SSⅡ基因功能缺陷对许多植物的贮藏器官中的淀
粉合成和支链淀粉结构有着深刻的影响。Craig 等（1998）报道了
豌豆 SSⅡ基因突变（rugosus 5 位点）显著减少了中间链的数量，
增加了短链的数量。后来，Edwards 等（1999b）和 Lloyd 等
（1999）广泛分析了反义抑制 SSⅡ或 SSⅢ以及马铃薯块茎中两种
活性水平对支链淀粉链长的影响。SSⅡ抑制效果明显，短链（DP
为 6～13）明显减少，中间链（DP 为 15～25）明显增加。
Umemoto 等（1999，2002）和 Nakamura 等（2002，2005）针对
水稻 SSⅡa 对支链淀粉精细结构的贡献进行了一系列研究。结果
表明，与典型籼稻品种相比，绝大多数粳稻品种的 DP 为 6～10 的
链较丰富，DP 为 12～24 的链较贫乏，但 B_2-和 B_3-链的比例没有
显著差异（Umemoto et al.，1999）（彩图 4-1c）；粳型品种有一
个不活跃的突变 *ssⅡa* 基因；而籼型品种有一个活跃的 SSⅡa 基因
（Nakamura et al.，2005）。在来自小麦（*sgp*-1 突变体，Yamamori
et al.，2000）、大麦（*sex6* 突变体，Morell et al.，2003）的 *ssⅡa*
突变体中，也观察到了相同的支链淀粉链型的趋势。在玉米 *sug-
ary*-2 突变体胚乳（Takeda et al.，1993；Zhang et al.，2004）、

红薯甜块根（Katayama et al.，2002）和拟南芥叶（Zhang et al.，2008）也观察到类似现象。所有这些结果都支持了 SSⅡ（a）在支链淀粉中间链合成中发挥独特作用的结论，而这一作用不能被其他 SS 亚型有效补充（图 4-5）。

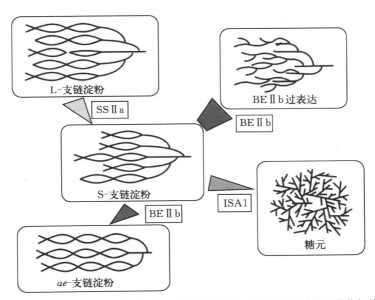

图 4-5 淀粉生物合成中关键酶水平的不同导致支链淀粉簇结构的变化规律

(Nakamura et al.，2009；Nakamura，2014)

注：支链淀粉的精细结构受水稻胚乳中 SSⅡa、BEⅡb 和 ISA1 活性水平的不同而改变，其结构模式因酶的不同而不同，这被称为"团簇世界"。

已知 SSⅢa 基因缺陷引起的玉米 *duⅡ1* 突变改变了玉米籽粒颗粒形态和理化性质（Mangelsdorf，1947；Davis et al.，1955；Gao et al.，1998，Shannon et al.，1984；Shannon et al.，2007）。Fontaine 等（1993）通过对 *ss*Ⅲ 突变体 *sta-3* 的链长分析，提出了 SSⅢ 在衣藻衣原体支链淀粉中合成中链和长链的具体作用。马铃薯块茎中 SSⅢ 的缺失导致支链淀粉和淀粉颗粒结构的改变，数据表明，SSⅢ 参与长链的合成，尽管链长剖面的差异程度较小，无法清楚地评价 SSⅢ 的功能（Edwards et al.，1999b；Lloyed et al.，1999）。

Fujita 等（2007）对水稻胚乳中支链淀粉链谱进行了详细分析，发现 *ss3a* 突变体与野生型相比，具有更少的 DP 6～9、DP 16～19 和 DP 33～55 链，而 DP 10～15 和 DP 20～25 链较多（彩图 4－1d）。他们提出了 SSⅢa 在合成长链（B_2 -和 B_3 - chains）中扮演一个重要角色。从观察结果来看，*ssⅢa* 突变体中长链的增加模式具有特异性，而极短链（DP 6～9）的增加被认为是由 *ssⅢa* 突变体的多效性作用导致 SSⅠ 水平升高。Lin 等（2012）报道了玉米 duⅢ1 突变体中支链淀粉的精细结构，与水稻 *ssⅢa* 突变体相似。大麦 *ssⅢa* 突变体（amo1）胚乳含有支链淀粉，短链 DP 9～10 较少，中间链 DP 15～24 较多，而长链则无明显变化（Li et al.，2011）。ssⅢa 突变常产生明显的淀粉相关表型变化，如淀粉含量、淀粉颗粒形态、淀粉理化性质等，但链长模式无明显变化。以上结果表明，*SSⅢa* 在淀粉粒生物合成中起着额外的整合作用。

Roldan 等（2007）发现，SSⅣ 的缺失降低了拟南芥叶片中叶绿体淀粉粒的数量，表明 SSⅣ 在淀粉粒形成过程中起着重要作用。SSⅣ 在拟南芥中的具体作用被进一步研究证实（Szydlowsky et al.，2009；Crumpton－Taylor et al.，2013），观察到 *ssⅣ/ssⅢ* 双突变体完全丢失淀粉粒，说明 SSⅢ 可能部分支持 SSⅣ 的作用，可能是由于结构和功能上的相似性（Szydlowsky et al.，2009，2011）。虽然 SSⅣ 在谷物胚乳的淀粉生物合成的贡献是有限的，但 Toyosawa 等（2016）发现，单一突变 SSⅣa 或 SSⅣb 基因对水稻胚乳淀粉表型有轻微影响，而 *ssⅣb/ssⅢa* 双突变体改变了多边形淀粉颗粒球形颗粒，尽管造粉体颗粒的数量和每个种子淀粉含量略受影响。结果表明，SSⅣ 的影响可能取决于植物种类。

3. SS 同工酶协同在支链淀粉生物合成中的作用

毫无疑问，SS 同工酶的协同反应对于构建单位簇大小、形状及支链淀粉的有组织结构至关重要。支链的链长分布在淀粉颗粒形成中存在两种截然不同的两个峰：大量短链和中间链峰（DP 10～

14) 和一个小的长链峰 (DP 35～45)。与之形成鲜明对比的是，植物糖原或糖原不足则缺乏第二峰 (彩图 4 - 1a)。必须严格控制前簇的内链 (A 和 B_1 链) 和后簇的簇间链 (B_2 和 B_3 链) 的长度，否则会扭曲双峰分布的形状，改变两个峰的比例。众所周知，这些特征主要保存在每个植物物种的贮藏器官的发育过程中。链长本身是 SS 伸长反应的结果，但 BE 通过引入支链间接影响链长，从而通过降低外链的长度使长外链重新激活到 SS，因为每个 SS 同工酶都非常明确和敏感地识别底物和产物链的外链的长度。对于多个 SS 同工酶合成支链淀粉的需求，最可能的解释是，支链被具有不同链长偏好的 SSⅠ、SSⅡ 和 SSⅢ 同工酶的协调反应拉长，直到长度到达簇的非还原端。

　　过去的生化、分子和基因水平的调查几乎持一致的观点，即 SSⅠ、SSⅡ 和 SSⅢ 具体分别形成最多达到 10 的短链 DP、DP 约 24 中间簇内的 A 和 B_1 链、DP 超过 20 的长簇内与簇间 B_2/B_3 链与 B_1 链 (图 4 - 2)。SS 反应的特征属性如下：首先，SS 活动在很大程度上依赖于外部的引物链链长，这与磷酸化酶 (Pho) 和 GBSS 形成了鲜明的对比，因为它们都可以合成直链淀粉和支链淀粉超长链等超长链。其次，SS 对支链葡聚糖 (如支链淀粉和糖原) 的活性较高，而对直链葡聚糖或低聚麦芽糖的活性较低。相反，Pho 和 GBSS 对线性或分支葡聚糖的反应相似。

4.2.2　淀粉分支酶 (BE)

　　BE 通过将还原性末端的链转移到受体链上，将具有 α - 1,6 - 葡聚糖键的分支结构引入葡聚糖。转移链是通过切断其链的非还原部分而得到的，链的其余部分称为残链 (Borovsky et al. , 1979) (图 4 - 6)。当 BE 使用与供体链不同的受体链时，反应称为链间 BE 反应；而在链内反应中，BE 使用与受体链和供体链相同的单链。在这两种情况下，在 BE 反应中，总链数增加，而葡萄糖残基数不变。

　　虽然 BE 反应过程中葡聚糖中的葡萄糖含量没有变化，但其不仅在葡聚糖的精细结构方面，而且最终在 SS 的催化活性和植物组

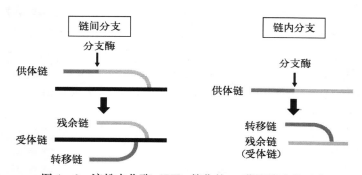

图 4-6 淀粉支化酶（BE）催化的 α-葡聚糖支化反应

注：值得注意的是，BE 酶促反应后，无论是链间还是链内支化反应，链数增加，葡萄糖残基数不变。

织中淀粉的生成率方面，都在淀粉的生物合成中发挥着至关重要的作用。由于线性 α-1,4 链段的疏水性随 DP 的增加而增加，因此长链段的非支链对 SS 同工酶不敏感（Commuri et al.，2001）。所以，BE 形成的支链通过接受转移的链而重新激活长链，SS 可以再次作用于它们的外部节段，从而支持了高淀粉产量，并促进支链淀粉团簇结构形成，使高分子形成半晶状颗粒结构，最终使植物细胞能够长期储存惰性葡聚糖。

1. 多个 BE 同工酶

过去的许多研究报告指出，在玉米（Boyer et al.，1978；Dang et al.，1988）、水稻（Nakamura et al.，1992a；Yamanouchi et al.，1992；Mizuno et al.，1993）、小麦（Morell et al.，1997；Rahman et al.，2001）、大麦（Sun et al.，1998）、豌豆（Smith，1988；Burton et al.，1995）、菜豆（Nozaki et al.，2001；Hamada et al.，2001）、马铃薯（Larsson et al.，1996）、菠菜（Hawker et al.，1974）和苹果（Han et al.，2007a）等不同种类的绿色植物中存在功能和结构上进一步分化的 BEⅠ 和 BEⅡ 两种 BE 同工酶。由大米等谷物中的不同基因编码，BEⅡ 在功能和结构上进一

步分化为 BEⅡa 和 BEⅡb，而通常在双子叶植物中没有发现 BEⅡb 型分化。一般来说，BEⅡb 在谷类胚乳中特异性或主要表达，在决定支链淀粉的精细结构方面发挥着独特的作用；而 BEⅡa 在每个组织中都普遍表达（Nakamura et al.，2002；Nakamura，2014；Tetlow，2012）。因此，单子叶细胞在胚乳中有 3 个功能同工酶，在叶片等组织中有 2 个功能同工酶。另外，大多数双子叶组织可能只有 2 个同工酶。虽然拟南芥、苹果等一些双子叶植物具有多个 BEⅡ 型同工酶（Han et al.，2007a），但它们的功能和结构非常相似，不太可能在支链淀粉的生物合成中发挥不同的作用。α-1,6 键的位置和聚类对支链淀粉结构的构建至关重要，因此必须精确控制 BE 同工酶协同作用下支链淀粉分子中分支的形成。考虑到这一要求，与许多 SS 同工酶相比，植物组织中被压制的 BE 同工酶的数量，令人相当惊讶。为什么只有两三个同工酶才能满足这样的要求呢？如果考虑到植物 BE 必须具有与动物和真菌等真核生物的糖原 BE 相同的起源，而不是细菌起源，这一点可能会得到进一步加强（Patron et al.，2005；Deschamps et al.，2008）。

研究不同植物在贮藏器官发育过程中多种 BE 基因的表达情况，一般可以看出，无论是单子叶植物还是双子叶植物，BEⅡ 型基因均在贮藏器官的早期发育阶段表达，而 BEⅠ 型基因在水稻（Mizuno et al.，1993；Hirose et al.，2004；Ohdan et al.，2005）、玉米（Gao et al.，1996）、小麦（Morell et al.，1997）、大麦（Sun et al.，1998）等单子叶植物种子和豌豆（Burton et al.，1995）、芸豆（Hamada et al.，2001）等双子叶植物种子的后期发育阶段均有较高的表达。在谷类胚乳中，BEⅡa 从早期开始表达，随后 BEIIb 显著表达（Hirose et al.，2004；Ohdan et al.，2005）。这些表达模式的生理意义有待今后深入研究。

2. BE 同工酶的链偏好

当缺乏 BEⅡ 型突变体时，这些突变体的影响是明显的，而 *BEⅠ* 突变体没有或只有轻微的形态学和淀粉相关表型变化（图 4-7）。一个最显著的例子是：豌豆突变系 *rugosus*（*r*），孟德尔用它作为试验材料。它有一个枯萎的种子，由于丧失了 BEⅡ型（或 BEⅡa 型）同工酶而导致淀粉合成减少（Smith，1988；Bhattacharyya et al.，1990）。另一个著名的例子是：玉米 *be* Ⅱ *b* 突变为直链淀粉扩充器（*ae*）造成直链淀粉含量显著增加，链长较长的支链淀粉结构变更，导致对胚乳淀粉的消化和凝胶化等商业有用的功能性质出现（Shannon et al.，2007；Li et al.，2008）。结果表明，BEⅡ在双子叶植物贮藏器官的淀粉合成中具有特殊的作用。在单子叶种子中，则是 BEⅡb，它们的作用不能分别被 BEⅠ 及 BEⅠ＋BEⅡa 来显著支持。相反，BEⅠ 的作用可以由 BE 同工酶来补充。但值得注意的是，在小麦和大麦胚乳中，BEⅡa 缺乏症的影响与玉米和水稻的 BEⅡb 缺乏症的影响更为相似（Yao et al.，2004；Nishi et al.，2001；Tanaka et al.，2004；Butardo et al.，2011），而抑制小麦和大麦中 BEⅡb 的表达只导致淀粉表型的微小变化（Regina et al.，2006，2010）。

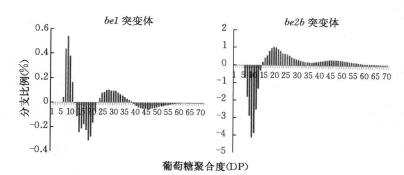

图 4-7　水稻淀粉分支酶同工酶缺陷突变体支链淀粉结构的变化
（与野生型差减）

注：beⅠ（Satoh et al.，2003）和 beⅡb（Nishi et al.，2001）突变引起水稻胚乳中支链淀粉精细结构的变化，结果表明，野生型支链淀粉的链长分布与突变型支链淀粉的链长分布相比存在差异。

图 4-7 显示，水稻胚乳中 BEⅡb 活性的丧失导致 DP≥35（B_2 和 B_3 链）和中间链的 DP 15~30（B_1 链）以及 DP 6~12 的短

链在支链淀粉中的含量显著降低（Nishi et al.，2001）。结果支持了上述观点，即 BEⅡb 形成集群中间的短链而不是集群的根源，因此在其缺席时，每个集群的数量的比例（A 链＋B_1 链/B_2 链＋B_3 链）显著降低（图 4-2、图 4-5 和图 4-8）。与之相反，水稻 BEⅠ 突变体的支链淀粉含量较高，其中 DP 6～12 链较多，而 DP 16～25 和 DP≥37 略少（图 4-7），说明 BEⅠ 参与了中链和长链的合成（Satoh et al.，2003）。这种情况在谷类胚乳中可能很常见（Yao et al.，2004；Regina et al.，2010；Butardo et al.，2011；Liu et al.，2012），但也不能排除 BEⅠ 影响玉米胚乳支链淀粉支链位置的可能性（Xia et al.，2011）。

　　每个 BE 同工酶对支链淀粉结构的贡献是通过体外研究进行更精确和详细地分析。有报道称，玉米 BEⅡ 优先将非常短的 DP-6 链转移到约 12 个，作为优先链，其中 BEⅡa 的 DP-6 和 BEⅡb 的 DP-7 和 6 最多，而 BEⅠ 在 10～12 左右形成了最有效的 DP 中间链（Takeda et al.，1993；Guan et al.，1997）。随后，从其他植物来源，如水稻（Mizuno et al.，2001；Nakamura et al.，2010）、菜豆（Hamada et al.，2001；Nozaki et al.，2001）、马铃薯（Rydberg et al.，2001）、绿藻小球藻（Sawada et al.，2009）、蓝藻链球菌（Sawada et al.，2013，2014）被证明具有与玉米同工酶相似的链长偏好（Tetlow，2012），与体内试验结果一致。作为这些体外研究的一个例子，3 个水稻同工酶的结果如图 4-8 所示（Nakamura et al.，2010）。首先，当分支如支链淀粉等葡聚糖被用作底物，其链长最小底物链和 BE 反应转移链分别为 DP 12 和 6。相反，直链淀粉所需的链长最小分支 BEⅠ 是 DP 48，BEⅡa BEⅡb 则是 DP 100。其次，支链淀粉分支的最佳链长 BEⅠ 是 DP 10～12、DP 6，BEⅡa 是 DP 7，而 BEⅡb 是 DP 6。最后，BEⅠ 可能攻击支链淀粉链的内链段，但攻击程度较外部链轻，而 BEⅡa 和 BEⅡb 则不能。这些结果与上述其他植物物种的 BE 同工酶的结果基本一致，由于这些研究使用了不同的底物，很难与不同来源的 BE 同工酶进行精确的比较。

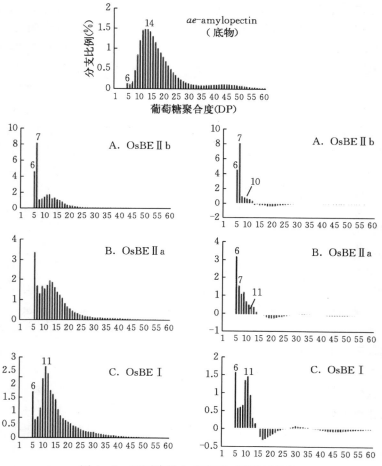

图 4-8　不同淀粉分支酶同工酶的链偏好

(Sawada et al.，2014)

A. BEⅡb 反应产物　B. BEⅡa 反应产物　C. BEⅠ反应产物

注：以支链淀粉为底物进行体外分析。左侧为反应物，右侧为与底物的对比。

3. BE 同工酶在谷粒胚乳支链淀粉合成中的作用

BEⅡb 和 BEⅠ对支链淀粉精细结构的贡献存在明显的差异，这在任何谷类胚乳中都能观察到。以水稻胚乳为代表，*BEⅡb* 和

BE I 突变体间支链淀粉链长分布规律不同（图 4 - 7），支持了这一观点。观察表明，*BE* II *b* 突变体链长剖面的变化程度比 *BE* I 突变体高很多，说明 *BE* II *b* 的功能是特异性的，不能被其他 BE 同工酶所补充；而 *BE* I 的功能可以被其他 BE 显著支持。在 *BE* II *a* 突变体中没有检测到支链淀粉结构的表型变化，这表明 *BE* II *a* 的作用并不特殊，可能只是支持 *BE* II *b* 和 *BE* I。由于叶片 *BE* II *a* 突变体支链淀粉短链比长链少，因此在不表达 *BE* II *b* 的叶片中，*BE* II *a* 可能在短链支链的形成中起重要作用。将 *BE* II *b* 基因导入 *BE* II *b* 突变体的转基因株系的结果支持了 *BE* II *b* 在水稻胚乳中的特殊作用（Tanaka et al.，2004）。转化子间支链淀粉链型改变的程度与 *BE* II *b* 的表达水平有关。值得注意的是，大部分淀粉在高过表达时被水溶性多糖（WSP）所取代（图 4 - 5）。

4.2.3 淀粉脱支酶（DBE）

植物有两种淀粉脱支酶：异淀粉酶（ISA，EC 3.2.1.68）和普鲁兰酶（PUL，EC 3.2.1.41）。ISA 和 PUL 直接脱去 α - 1，6 - 葡萄糖苷链接，不同于异养真核生物的动物和酵母等的 DBE，它们消除了支链连续的 4 - α - 葡萄糖转移酶（EC 2.4.1.25）和直链淀粉中 α - 1，6 - 葡萄糖苷酶（EC 3.2.1.33）反应。

植物淀粉生物合成中最引人注目的生物化学事件是，DBE 对支链淀粉团簇结构的合成至关重要。分析玉米突变体糖原-生产 *sugary - 1*（Pan et al.，1984）和水稻突变体（Nakamura et al.，1992 b）表明，ISA1 在支链淀粉生物合成中起着至关重要作用。James 等（1995）使用基因标记的方法报道，在没有 ISA1 的情况下，取代支链淀粉的是缺乏簇结构的植物糖原（彩图 4 - 1a 和图 4 - 5）。从那时起，DBE 在支链淀粉合成中的重要作用通过对多种突变体和转化子的广泛研究，在玉米（James et al.，1995；Beatty et al.，1999；Dinges et al.，2001，2003；Kubo et al.，2010；Lin et al.，2012，2013）、水稻（Nakamura et al.，1996，1997；Kubo et al.，1999，2005；Fujita et al.，2003，2009；Utsumi et al.，2011）、马铃薯（Hussain et al.，2003；Bustos et al., 2004)、大麦 (Burton et al., 2002)、拟南芥 (Zeeman et al., 1998；Dellate et al., 2005；Wattebled et al., 2005, 2008；Streb et al., 2008；Pfister et al., 2014)、衣藻 (Mouille et al., 1996；Colleonietal, 1999a, 1999b；Dauvillee et al., 2000, 2001) 中得到了证实。

绿色植物通常有 4 个 DBE：3 个 ISA 同工酶 ISA1、ISA2 和 ISA3，以及 1 个 PUL (Ball et al., 2011)。通过分子研究，证实了 ISA1 的重要作用。将正常的 ISA1 基因导入水稻的 *sugary - 1* 突变体后，*sugary - 1* 型表型又恢复为野生型 (Kubo et al.,

a   扫描电镜照片

Taichung-65   *EM914*   Transformant
(WT)   (*sugary-1*)   (#914-8-1)

b   淀粉的热性质

项目	Wt of seed (mg)	To (℃)	ΔH (J/g)	λ-max (nm)
Kinmaze (WT)	20.7	55.5	6.46	575
EM914 (*sugary-1*)	11.1	ND	ND	470
#914-8-1	18.9	50.0	5.54	555
#914-24-2	17.4	44.5	3.94	560

注：ND，没有检测。

图 4 - 9   水稻异淀粉酶 1（ISA1）缺陷突变体淀粉粒结构的变化及
小麦正常 ISA1 基因对突变表型的补充
(Kubo et al., 2005)
a. 颗粒形态   b. 热性能

注：WT 为 α-葡聚糖在野生型水稻胚乳；*EM914* 为 isa1（*sugar - 1*）突变系；Trnsformant 为 OsISA1 转化子。

2005；Utsumi et al.，2011）（图4-9）。生化研究表明，ISA2具有与ISA1一样形成异质络合物的功能，但ISA2本身缺少DBE催化位点，这是由于ISA1和ISA3中保守的基本催化残基的替换和/或缺失而形成的（Hussain et al.，2003；Bustos et al.，2004）。ISA3可能参与了叶片中分支葡聚糖的降解（Hennen-Bierwagen et al.，2012），但没有参与胚乳中葡聚糖的合成（Yun et al.，2011）。有趣的是，ISA1同分异构体和ISA1-ISA2异构体都存在于玉米胚乳（Kubo et al.，2010）和叶片（Lin et al.，2013）、水稻胚乳（Utsumi et al.，2006）中，以及衣原体（Sim et al.，2014）。相比之下，像拟南芥叶片（Dellate et al.，2005）、马铃薯块茎（Hussain et al.，2003）中只存在ISA1-ISA2异构体。在水稻胚乳中，发现ISA1同分异构体仅是功能形式而不是异构体（Utsumi et al.，2011）；而在玉米胚乳中，同分异构体在支链淀粉的合成中起着重要作用，但该异构体至少可以部分支持正常的淀粉合成（Kubo et al.，2010）。结果表明，仅由ISA2基因过表达引起的异构体的存在造成了水稻胚乳淀粉产量的异常，这导致水稻和玉米在ISA功能形式上的差异（Utsumi et al.，2011）。在水稻叶片中，异构体是正常淀粉生物合成的功能形态，其耐40℃高温的能力强于同型异构体（Utsumi et al.，2011）。在玉米叶片中，均存在同分异构体和异构体（Lin et al.，2013）。在水稻中出现这一现象的一个可能原因是ISA的功能形式在叶片中比在胚乳中更具有抗性，这可能是由于细胞内环境因昼夜和叶片的生理条件波动比胚乳更为频繁和严重。

在玉米（Pan et al.，1984；Dinges et al.，2003）和水稻（Nakamura et al.，1996）*sugary-1*突变体胚乳中，PUL的活性降低，而PUL水平的降低几乎与*sugary-1*突变的严重程度或水稻胚乳ISA活性下降的程度有关（Nakamura et al.，1997），表明PUL与ISA一起参与了谷粒胚乳支链淀粉的生物合成。后来，Fujita等（2009）提供了证据，PUL在ISA缺席时起补充作用，当ISA存在时其作用有限；但在发育水稻胚乳中，PUL的作用（Kubo et al.，1999）基本与玉米的研究结果一致（Beatty et al.，

1999；Dinges et al.，2003）。

4.2.4　颗粒结合淀粉合成酶（GBSS）

有一些报道表明，GBSS 参与了支链淀粉的合成，如衣原体（Delrue et al.，1992；Maddelein et al.，1994）。水稻胚乳常具有 DP>100 的长链，称为超长链（SLC）（Takeda et al.，1987a；Hanashiro et al.，2005）。大量证据表明，长链的合成是由 GBSS 负责的（Takeda et al.，1987；Inouchi et al.，2005；Hanashiro et al.，2008）。SLC 也被发现存在于许多双子叶植物和单子叶植物的支链淀粉中。众所周知，SLC 在支链淀粉的量大大影响谷物淀粉的质量，这是源于快速黏度分析仪对挫折强度等物理化学性质的变化值来衡量的（Horibata et al.，2004；Inouchi et al.，2005）。

4.3　参与直链淀粉生物合成的酶

已经从许多植物种类中分离出一种称作蜡质突变体的无支链淀粉突变体（Collins et al.，1911；Ikeno，1914；Jacobsen et al.，1989；Shannon et al.，1984，2007）。很明显，GBSS 参与了直链淀粉的合成（Nelson et al.，1962；Murata et al.，1965；Visser et al.，1991）。

GBSS 有两种类型，分别称为 GBSS Ⅰ 和 GBSS Ⅱ 或 GBSS Ⅰ b，由两种不同的基因编码，在贮藏组织如谷类胚乳、马铃薯块茎、豌豆胚和其他组织如叶片、果皮、谷类胚和糊粉层中表达（Fujita et al.，1998；Nakarula et al.，1998；Tomlinson et al.，1998；Dian et al.，2003）。虽然同化淀粉的直链淀粉含量低于储备淀粉（Tomlinson et al.，1998），但这是否是由于 GBSS Ⅰ 和 GBSS Ⅱ 酶特性的差异造成尚不清楚。

Denyer 等（1999b）显示，在豌豆胚中，GBSS Ⅰ 通过为每个酶-葡聚糖引物添加一个以上的葡萄糖残基的方式，以一种渐进的方式合成直链淀粉；而 SS Ⅱ 则以分布的方式拉长麦芽多糖，从而以一种正向的方式合成支链淀粉。他们还发现，GBSS Ⅰ 作为效应物对支链淀粉的亲和性比作为底物高得多，这表明 GBSS Ⅰ 在直链淀粉合成中的关键特性（Denyer et al.，1999a）。

目前已知，从有限的植物源中分析的一些直链淀粉分子具有支链结构，支链频率低于支链淀粉（Hizukuri et al.，1981；Takeda et al.，1987）。Hanashiro 等（2013）分析了直链淀粉分子中支链的特征。由于直链淀粉短侧链在直链淀粉中不像在支链淀粉中那样高度有序，目前很难确定哪些同工酶参与了直链淀粉支链的合成，以及为直链淀粉提供支链的供体链。

4.4　淀粉生物合成过程中各种酶的互作

淀粉合成过程是一个系统工程，在这个工程中，各种酶通过复杂的联系，形成淀粉的成分及结构，并影响相应的成品淀粉的物理、化学性质（图 4-10）。因此，如果揭示淀粉的基因（同工

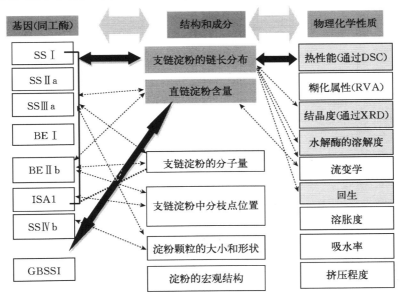

图 4-10　实际应用中与淀粉生物合成、淀粉结构和成分、物理化学性质和淀粉性质相关的基因之间的关系

（Nakamura，2015）

注：两边带箭头的黑色箭头显示了更明显的关系。虚线箭头显示了轻微的明显关系。

酶）、淀粉结构和理化性质之间的关系，就有可能调节淀粉特性，为实际应用设计理想的淀粉，开发含有不同同工酶缺陷组合的突变体和转基因水稻品系并分析这些材料有助于加深对这些性状之间关系的理解。

4.4.1 淀粉生物合成与降解的联系

在大多数情况下，淀粉合成过程与降解过程明显分离。在这两个过程中，所涉及的酶的种类和/或类型几乎是不同的，特别是在储备器官中，每个过程的操作时间是不同的。然而，在若干方面，这两个进程被认为是密切相关的。除了 SS、BE 和 DBE 外，有直接和间接的证据证明，还有其他酶参与储备组织的淀粉生物合成。至少有一些水解酶、磷酸化酶（Pho）和转糖苷酶类酶被认为在淀粉降解中起着重要作用，它们在具有旺盛淀粉生产能力的组织中高度表达。

尽管许多植物物种的贮藏组织中，由于淀粉产量的增加，Pho1 的表达水平较高，但 Pho1 在植物体内的功能仍存在争议。Pho1 反应是自由可逆的，并且 Pho1 本身既可以催化合成葡聚糖，也可以催化降解方向。然而，Pho1 位点的突变导致衣原体（Dauvillee et al.，2006）和水稻胚乳（Satoh et al.，2008）中淀粉生物合成严重减少，强烈提示 Pho1 参与了淀粉生物合成。有多个报告支持这一观点。首先，Fettke 等（2010a，2012）研究表明，G1P 可以有效地直接整合到马铃薯块茎细胞的储备淀粉颗粒中，表明 G1P 通路与真实的 AGPase 通路在淀粉生物合成中的作用是平行的。其次，Hwang 等（2010）证明，即使在高 $Pi/G1P$ 浓度的生理条件下，水稻 Pho1 也可以在葡聚糖合成方向上拉长低聚麦芽糖，从而被 SS 利用。最后，Nakamura 等（2012）在不添加葡聚糖引物的情况下，发现水稻 Pho1 与 BE 在合成葡聚糖过程中存在催化作用。如上所述，所有结果都支持了 Pho1 在淀粉生物合成和淀粉降解中起关键作用的观点。

据报道，血浆歧化酶（DPE1，EC 2.4.1.25）参与了重组衣原体支链淀粉的合成（Colleoni et al.，1999a，1999b）；尽管

DPE1 在拟南芥叶片淀粉生物合成中没有直接作用，这一矛盾的结果已经被证明（Critchley et al.，2001）。

Streb 等（2008）报道，在无 DBE 活性的条件下，叶绿素 α-植物糖原淀粉酶（EC 3.2.1.1）参与拟南芥叶片中植物糖原的合成。假设 SS 和 BE 基本可以合成淀粉型葡聚糖，而 DBE 间接参与合成（Zeeman et al.，2010）。他们解释说，DBE 的作用是通过移除错误定位的分支来促进葡聚糖的结晶，否则葡聚糖降解酶如 α-淀粉酶很容易攻击这些未修剪的葡聚糖。因此，在没有 DBE 的情况下，葡聚糖具有非常短的 DP≤5，这就导致了可溶性果胶（WSP）的形成。

应该考虑到，在加工过程中有大量低聚麦芽糖被释放出来，而这些低聚麦芽糖应被循环利用到合成过程中。在生理条件下，大部分葡萄糖残基必须回收利用，以维持蔗糖转化淀粉的高产。事实上，在体内条件下低聚麦芽糖的水平通常较低，尽管在淀粉合成过程中涉及低聚麦芽糖转化的代谢过程尚未得到充分的研究。除了淀粉合成酶的四大类（AGPase、SS、BE、DBE）外，几种酶在这一过程中可能发挥着不同的作用。最初，低聚麦芽糖很容易降解，直到被 Pho1 还原成 DP=4 的长度，形成 G1P。此外，由低聚麦芽糖生成的 DPE1、α-淀粉酶、β-淀粉酶（EC 3.2.1.2）可以生成葡萄糖和麦芽糖，而葡萄糖通过己糖激酶和 PGM 转化为 G1P。G1P 将再次被 AGPase 利用形成 ADPglucose，通过 ADPglucose 途径进入淀粉合成过程。DPE1 的作用是特异性的，因为它歧化了原始低聚麦芽糖，从更小的（包括葡萄糖和麦芽糖）到更大的低聚麦芽糖，最终使得低聚麦芽糖更容易被己糖激酶代谢为葡萄糖和 Pho1，淀粉酶代谢为更大的低聚麦芽糖。

这些结果表明，在不同的生理和遗传条件下，Pho1、DPE 和淀粉酶在淀粉颗粒的合成和降解中具有双重功能。

4.4.2　造成簇结构破坏的因素

支链淀粉的基本簇结构是高度保守的，即使在突变体的链长谱因任何 SS、BE 和 DBE 同工酶的损伤有所改变，但仍保持基本结构。到目前为止，已知有 6 个因素能够改变储备葡聚糖的团簇结构。第一，ISA 活性的丧失导致植物糖原的产生而不是支链淀粉的产生。第二，ISA2 基因的过表达也导致了植物糖原的合成，因为所有的 ISA1 蛋白都形成了 ISA1 - ISA2 异构体，至少在水稻和玉米胚乳中对正常支链淀粉的合成没有或几乎没有修饰活性。第三，超过 BEⅡb 活动抑制组织分支的形成，导致水稻胚乳 WSP 的合成（Tanaka et al.，2004）（彩图 4 - 2）。第四，Lin（2012）研究表明，玉米 SSⅢ和 ISA1 或 ISA2 活动缺陷产生植物糖原胚乳。拟南芥叶片中淀粉/WSP 积累中 ISA 和 SS 活性之间也存在密切的相关性（Pfister et al.，2014）。第五，水稻 sugar - 2 基因的突变导致 WSP 合成，尤其是在胚乳发育的早期阶段（彩图 4 - 2），尽管该基因最近被定位于水稻基因组中不同于任何 DBE 基因的位置。第六，在 ISA 活性丧失时，α-淀粉酶去除拟南芥叶片中淀粉型葡聚糖的合成能力（Streb et al.，2008）。综上所述，ISA 活性可能是阻止植物糖原产生的主要因素。此外，多种活动之间的平衡，如 ISA1 和 ISA2 之间的酶、SSⅢ和 ISA 之间的酶、BEⅡb 和 SS 之间的酶、DBE 和 α-淀粉酶之间的酶，对于淀粉型葡聚糖的合成可能是重要的，尽管需要更全面和更精确的生化分析来得出结论。

综上所述，ISA 活性可能是阻止植物糖原产生的主要因素。此外，多个酶之间平衡的活动如 ISA1 和 ISA2、SSⅢ和 ISA、BEⅡb 和 SS 及 α-淀粉酶和 DBE，可能对淀粉型葡聚糖的合成很重要，但需要更全面、更精确的生化分析才能得出结论。

4.4.3 淀粉生物合成酶对葡聚糖的反应活性及结合亲和力

在淀粉合成过程中，葡聚糖分子的精细结构在多个淀粉合成酶参与的连续反应的每一步都发生着变化。每个同工酶是如何通过在许多其他酶同时形成的葡聚糖的各种结构中选择它，正确地作用于确切的葡聚糖底物的呢？体外生化研究表明，SS 和 BE 识别体外 A 链和 B 链的长度（Guan et al.，1997；Commuri et al.，2001；Nakamura et al.，2010，2014；Sawada et al.，2014），虽然 BEI 等一些 BE 同工酶也能在一定程度上攻击 B_2 和 B_3 链的内段（Na-

kamura et al.，2010；Sawada et al.，2014）。研究还发现，SS 和
BE 对支链葡聚糖活性更优先于线性低聚麦芽糖和糊精/葡聚糖
（Nakamura et al.，2010；Sawada et al.，2014）。Borovsky 等
（1979）提出，在体内淀粉合成过程中，SS 和 BE 的实际葡聚糖底
物分别是支链葡聚糖/糊精的双平行链或双螺旋链。有研究发现，
大米 SSI（Nakamura et al.，2014）和拟南芥 SS（Brust et al.，
2014）可能在没有添加引物的情况下，可以与 BE 同工酶形成蛋白
质复合体互动，高效合成葡聚糖，如 BE 与 Pho1（Nakamura et
al.，2012）。值得注意的是，这些相互作用是由支链葡聚糖介导
的，而不是线性葡聚糖（Nakamura et al.，2012；Brust et al.，
2014）。这些结果有力地表明，至少 SSI、BEs 和 Pho1 可以与包括
多种不同生理条件下变化的葡聚糖在内的对应物密切相互作用。

4.5　淀粉生物合成工艺模型

　　在评价关键酶的过程中，提出了几种模型来解释这些酶的功能。

　　Ball 等（1996）将新建立的 DBE 在支链淀粉合成中的特殊作
用纳入模型中，通过修剪其簇结构的形状来最终合成支链淀粉，因
此该模型被称为"葡聚糖修剪模型"（图 4 - 11a）。他们认为，
支链淀粉的基本结构是由 SS 链长延伸和 BE 产生分支共同作用
构成的。BE 反应中形成的多余分支应立即通过 DBE（主要是
ISA）的作用清除，否则这些不规则形成的分支会阻碍葡聚糖
的结晶。

　　Myers 等（2000）强调，结晶过程在支链淀粉晶体的生物发生
过程中起着独特的作用（图 4 - 11b）。在结晶过程中，需要通过
DBE 反应将支链淀粉中的多余分支从水相中去除，使成熟支链淀
粉不能进行进一步的酶修饰。该模型解释了在正常支链淀粉生物合
成过程中，葡萄糖链经多种酶修饰后的非酶化学（或自发）行为的
参与。

　　Nakamura（2002）提出了一个更新的模型"两步分支和不当
分支清除模型"来解释各同工酶在谷粒胚乳中支链淀粉生物合成过

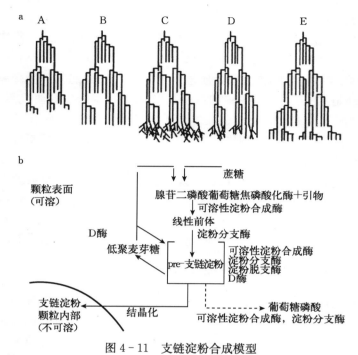

图 4-11 支链淀粉合成模型

a. 葡萄糖修剪模型（Ball et al., 1996） b. 葡聚糖结晶模型（Myers et al., 2000）

注：A、B、C、D、E 表示支链淀粉合成的顺次过程。

程中的作用（图 4-12），尽管该模型是基于对水稻胚乳中 SS、BE 和 DBE 同工酶的生化分析。这个模型强调，尽管 SS 和同工酶之间的相互作用在合成支链淀粉结构的反应中扮演主要的角色，两种不同的组合 SS 和同工酶发挥重要部位之间正常集群结构的合成，谷物胚乳和 ISA 的作用是删除一些在低级集群反应自发形成的位置不当的不必要的分支。这种错误定位的分支产生于远离大多数正确密集合成的分支的区域，这些错误分散形成的分支比那些正常密集形成的分支更容易被 ISA 去除。该模型假设第一个分支主要由 BE I 合成，最终形成非晶态薄片；第二个分支优先由 BE II b 合成。因此，大多数第二支被认为存在于非晶态片层和晶态片层之间

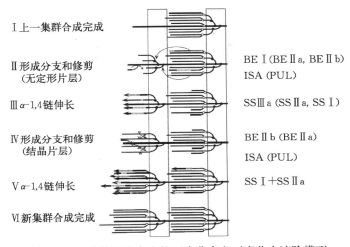

Ⅰ上一集群合成完成

Ⅱ形成分支和修剪　　　　　　　　　　BEⅠ(BEⅡa, BEⅡb)
　（无定形片层）　　　　　　　　　　ISA (PUL)

Ⅲ α-1,4链伸长　　　　　　　　　　SSⅢa (SSⅡa, SSⅠ)

Ⅳ形成分支和修剪　　　　　　　　　　BEⅡb (BEⅡa)
　（结晶片层）　　　　　　　　　　　ISA (PUL)

Ⅴ α-1,4链伸长　　　　　　　　　　SSⅠ+SSⅡa

Ⅵ新集群合成完成

图 4-12　支链淀粉合成的两步分支和不当分支清除模型
(Nakamura，2002)

的边界处。由 BEⅠ合成的第一个中间长度支链主要被 SSⅢa 拉长，较小程度上被 SSⅡa 和 SSⅠ拉长；而由 BEⅡb 合成的第二个短链依次被 SSⅠ和 SSⅡa 拉长。

最近，Myers 的团队展示了一个修改后的模型。该模型更详细地解释了他们的想法（Hennen - bierwagen et al.，2012）。他们假设了晶体和非晶体葡聚糖之间的平衡，并声称 ISA1 - ISA2 通过消除阻碍自发结晶的一些分支，在将无序的非晶体葡聚糖转移到晶态葡聚糖中起着至关重要的作用。

到目前为止，还没有针对许多植物物种和组织适用的共识模型的报道，一种包含新的试验结果和想法的新模型正在等待被提出。

参 考 文 献

Abe N，Asai H，Yago H，et al.，2014. Relationships between starch synthase

I and branching enzyme isozymes determined using double mutant rice lines. BMC Plant Biol. , 14: 80.

Asai H, Abe N, Matsushima R, et al. , 2014. Deficiencies in both starch synthase (SS) Ⅲ a and branching enzyme Ⅱ b lead to a significant increase in amylose in SSⅡ a – inactive japonica rice seeds. J. Exp. Bot. , 65: 5497 – 5507.

Baba T, Arai Y, Yamamoto T, et al. , 1982. Some structural features of amylomaize starch. Phytochemistry, 21: 2291 – 2296.

Baba T, Nishihara M, Mizuno K, et al. , 1993. Identification, cDNA cloning, and gene expression of soluble starch synthase in rice (*Oryza sativa* L.) immature seeds. Plant Physiol. , 103: 565 – 573.

Ball S, Colleoni C, Cenci U, et al. , 2011. The evolution of glycogen and starch metabolism in eukaryotes gives molecular clues to understand the establishment of plastid endosymbiosis. J. Exp. Bot. , 62: 1775 – 1801.

Ball S, Guan H P, James M G, et al. , 1996. From glycogen to amylopectin: a model for the biogenesis of the plant starch granule. Cell, 86: 349 – 352.

Banks W, Greenwood C T, Muir D D, 1974. Studies on starches of high amylose content. part 17. a review of current concepts. Starch, 26: 289 – 300.

Beatty M K, Rahman A, Cao H, et al. , 1999. Purification and molecular genetic characterization of ZPU1, a pullulanase – type starch – debranching enzyme from maize. Plant Physiol. , 119: 255 – 265.

Bhattacharya D, Price D D, Chan C X, et al. , 2013. Genome of the red alga *Porphyridium* purpureum. Nat Commun. , 4: 2931.

Bhattacharyya M K, Smith A M, Ellis T H N, et al. , 1990. The wrinkled – seed character of pea described by Mendel is caused by a transposon – like insertion in a gene encoding starch – branching enzyme. Cell, 60: 115 – 122.

Blauth S L, Kim K N, Klucinec J, et al. , 2002. Identification of mutator insertional mutants of starch – branching enzyme 1 (sbe1) in *Zea mays* L. Plant Mol. Biol. , 48: 287 – 297.

Blauth S L, Yao Y, Klucinec J D, et al. , 2001. Identification of Mutator insertional mutants of starch – branching enzyme 2a in corn. Plant Physiol. , 125: 1396 – 1405.

Borovsky D, Smith E C, Whelan W J, et al. , 1979. The mechanism of Q – enzyme action and its influence on the structure of amylopectin. Arch. Biochem. Biophys. , 198: 627 – 631.

Boyer C D, Preiss J, 1978. Multiple forms of (1 – 4) –' – D – glucan, (1 – 4) –' – D – glucan – 6 – glycosyl transferase from developing *Zea mays* L. kernels. Carbohydr. Res. , 61: 321 – 334.

Boyer C D, Preiss J, 1979. Properties of citrate – stimulated starch synthesis catalyzed by starch synthase I of developing maize kernels. Plant Physiol. , 64: 1039 – 1042.

Brust H, Lehman T, D'Hulst C, et al. , 2014. Analysis of the functional interaction of Arabidopsis starch synthase and branching enzyme isoforms reveals that the cooperative action of SSI and BEs results in glucans with polymodal chain length distribution similar to amylopectin. PLoS One, 9: e102364.

Burton R A, Jenner H, Carrangis L, et al. , 2002. Starch granule initiation and growth are altered in barley mutants that lack isoamylase activity. Plant J. , 31: 97 – 112.

Burton R, Bewley J D, Smith A M, et al. , 1995. Starch branching enzymes belonging to distinct enzyme families are differentially expressed during pea embryo development. Plant J. , 7: 3 – 15.

Bustos R, Fahy B, Hylton C M, et al. , 2004. Starch granule initiation is controlled by a heteromulti – meric isoamylase in potato tubers. Proc. Natl. Acad. Sci. USA, 101: 2215 – 2220.

Butardo V M, Fitzgerald M A, Bird A R, et al. , 2011. Impact of down – regulation of starch branching enzyme IIb in rice by artificial microRNA – and hairpin RNA – mediated RNA silencing. J. Exp. Bot. , 62: 4927 – 4941.

Cao H, Imparl – Radosevich J, Guan H, et al. , 1999. Identification of the soluble starch synthase activities of maize endosperm. Plant Physiol. , 120: 205 –215.

Carciofi M, Blennow A, Jensen S L, et al. , 2012. Concerted suppression of all starch branching enzyme genes in barley produces amylase – only starch granules. BMC Plant Biol. , 12: 223.

Cenci U, Chabi M, Ducatez M, et al. , 2013. Convergent evolution of polysaccharide debranching defines a common mechanism for starch accumulation in cyanobacteria and plants. Plant Cell, 25: 3961 – 3975.

Chaen K, Noguchi J, Omori T, 2012. Crystal structure of the rice branching enzyme I（BEI）in complex with maltopentaose. Biochem. Biophys. Res. Commun., 424: 508 - 511.

Chinnaswamy R, Bhattacharya K R, 1986. Characteristics of gelchromatographic fractions of starch in relation to rice and expanded rice product qualities. Staerke, 38: 51 - 57.

Colleoni C, Dauville D, Mouille G, et al., 1999a. Genetic and biochemical evidence for the involvement of $\alpha - 1, 4$ glucanotransferases in amylopectin synthesis. Plant Physiol., 120: 993 - 1004.

Colleoni C, Dauville D, Mouille G, et al., 1999b. Biochemical characterization of the Chlamydomonas reinhardtii $\alpha - 1, 4$ glucanotransferase supports a direct function in amylopectin biosynthesis. Plant Physiol., 120: 1005 - 1014.

Collins G N, Kempton J F, 1911. Inheritance of waxy endosperm in hybrids of Chinese maize. Proc. IV Int. Genet Congr.（Paris）: 347 - 356.

Commuri P D, Keeling P L, 2001. Chain - length specificities of maize starch synthase I enzyme: studies of glucan affinity and catalytic properties. Plant J., 25: 475 - 486.

Coppin A, Varre J S, Lienard L, et al., 2005. Evolution of plant - like crystalline storage polysaccha - ride in the protozoan parasite Toxoplasma gondii argues for a red alga ancestry. J. Mol. Evol., 60: 257 - 267.

Craig J, Lloyd J R, Tomlinson K, et al., 1998. Mutations in the gene encoding starch synthase II profoundly alter amylopectin structure in pea embryos. Plant Cell, 10: 413 - 426.

Critchley J H, Zeeman S, Takaha T, et al., 2001. A critical role for disproportionating enzyme in starch breakdown is revealed by a knock - out mutation in Arabidopsis. Plant J., 26: 89 - 100.

Crumpton - Taylor M, Pike M, Lu K, et al., 2013. Starch synthase 4 is essential for coordination of starch granule formation with chloroplast division during Arabidopsis leaf expansion. New Phyto., 200: 1064 - 1075.

Cuesta - Seijo J A, Nielsen M M, Marri L, et al., 2013. Structure of starch synthase I from barley: insight into regulatory mechanisms of starch synthase activity. Acta Crystallogr Section D, 69: 1013 - 1025.

Damager I, Denyer K, Motawia M S, et al., 2001. The action of starch synthase II on 6'α - maltotoriosyl - maltohexaose comprising the branch point amylopectin. Eur. J. Biochem. , 268: 4878 - 4884.

Dang P L, Boyer C D, 1988. Maize leaf and kernel starch synthases and starch branching enzymes. Phytochemistry, 27: 1255 - 1259.

Dauvillée D, Chochois V, Steup M, et al. , 2006. Plastidial phosphorylase is required for normal tarch synthesis in Chlamydomonas reinhardtii. Plant J. , 48: 274 - 285.

Dauvillée D, Colleoni C, Mouille G, et al. , 2001. Biochemical characterization of wild - type and mutant isoamylases of Chlamydomonas reinhardtii supports a function of the multimeric enzyme organization in amylopectin maturation. Plant Physiol. , 125: 1723 - 1731.

Dauvillée D, Kinderf I S, Li Z, et al. , 2005. Role of the Escherichia coli glgX gene in glycogen metabolism. J. Bacteriol. , 187: 1465 - 1473.

Dauvillée D, Mestre V, Colleoni C, et al. , 2000. The debranching enzyme complex missing in glycogen accumulating mutants of *Chlamydomonas* reinhardtii displays an isoamylase - type specificity. Plant Sci. , 157: 145 - 156.

Davis J H, Kramer H H, Whistler R L, 1955. Expression of the gene du in the endosperm of maize. Agron. J. , 47: 232 - 235.

Dellate T, Trevisan M, Parker M L, et al. , 2005. Arabidopsismutants Atisa1 and Atisa2 haveidentical phenotypes and lack the multimeric isoamylase, which influences the branch point distribution of amylopectin during starch synthesis. Plant J. , 41: 815 - 830.

Delrue B, Fontaine T, Routier F, et al. , 1992. Waxy Chlamydomonas reinhardtii: monocellular algal mutants defective in amylose biosynthesis and granule - bound starch synthase activity accumulate a structurally modified amylopectin. J. Bacteriol. , 174: 3612 - 3620.

Delvallé D, Dumez S, Wattebled F, et al. , 2005. Soluble starch synthase I: a major determinant for he synthesis of amylopectin in Arabidopsis thaliana leaves. Plant J. , 43: 398 - 412.

Denyer K, Dunlap F, Thornbjørnsen T, et al. , 1996. The major form of ADP - glucose pyrophospho - rylase in maize (*Zea mays* L.) endosperm is extra - plastidial. Plant Physiol. , 112: 779 - 785.

Denyer K, Waite D, Edwards A, et al. , 1999a. Interaction with amylopectin influences the ability of granule – bound starch synthase I to elongate malto – oligosaccharides. Biochem. J. , 342：647 – 653.

Denyer K，Waite D，Motawia S，et al. ，1999b. Granule – bound starch synthase I in isolated starch granules elongates malto – oligosaccharides processively. Biochem. J. , 340：183 – 191.

Deschamps P，Colleoni C，Nakamura Y，et al. ，2008. Metabolic symbiosis and the birth of the plant kingdom. Mol. Biol. Evol. , 25：536 – 548.

Dian W，Jiang H，Chen Q，et al. ，2003. Cloning and characterization of the granule – bound starch synthase II gene in rice：gene expression is regulated by the nitrogen level，sugar and circadian rhythm. Planta，218：261 – 268.

Dinges J R，Colleoni C，James M G，et al. ，2003. Mutational analysis of the pullulanase – type debranching enzyme of maize indicates multiple functions in starch metabolism. Plant Cell，15：666 – 680.

Dinges J R，Colleoni C，Myers A M，et al. ，2001. Molecular structure of three mutations at the maize sugary1 locus and their allele – specific phenotypic effects. Plant Physiol. , 125：1406 – 1418.

Edwards A，Borthakur A，Bornemann S，et al. ，1999a. Specificity of starch synthase isoforms from potato. Eur. J. Biochem. , 266：724 – 736.

Edwards A，Fulton D C，Hylton C M，et al. ，1999b. A combined reduction in activity of starch synthases II and III of potato has novel effects on the starch of tubers. Plant J. , 17：251 – 261.

Facon M，Lin Q，Azzaz A M，et al. ，2013. Distinct functional properties of isoamylase – type starch debranching enzymes in monocot and dicot leaves. Plant Physiol. , 163：1363 – 1375.

Fettke J，Albrecht T，Hejazi M，et al. ，2010a. Glucose 1 – phosphate is efficiently taken up by potato (*Solanum tuberosum*) tuber parenchyma cells and converted to reserve starch granules. New Phytol. , 185：663 – 675.

Fettke J，Leifels L，Brust H，et al. ，2012. Two carbon fluxes to reserve starch in potato (*Solanum tuberosum* L.) tuber cells are closely interconnected but differently modulated by temperature. J. Exp. Bot. , 63：3011 – 3029.

Fettke J，Malinova I，Albrecht T，et al. ，2010b. Glucose – 1 – phosphate transport into protoplasts and chloroplasts from leaves of Arabidopsis. Plant Physiol. , 155：1723 – 1734.

Fisher D K, Gao M, Kim K, 1996. Allelic analysis of the maize amylose - extender locus suggests that independent genes encode starch - branching enzymes IIa and IIb. Plant Physiol. , 110: 611 - 619.

Fontaine T, D - Hulst C, Maddelein M L, et al. , 1993. Toward an understanding of the biogenesis of the starch granules evidence that chlamydomonas starch synthase II controls the synthesis of intermediate size glucans of amylopectin. J. Biol. Chem. , 268: 16223 - 16230.

Fujita N, Kubo A, Francisco P B, et al. , 1999. Purification, characterization, and cDNA structure of isoamylase from developing endosperm of rice. Planta, 208: 283 - 293.

Fujita N, Kubo A, Suh D S, et al. , 2003. Antisense inhibition of isoamylase alters the structure of amylopectin and the physiological properties of starch in rice endosperm. Plant Cell Physiol. , 44: 607 - 618.

Fujita N, Taira T, 1998. A 56 kDa protein is a novel granule - bound starch synthase existing in the pericarps, aleurone layers, and embryos of immature seeds of diploid wheat (*Triticum monococcum* L.) . Planta, 207: 125 - 132.

Fujita N, Toyosawa Y, Utsumi Y et al. , 2009. Characterization of pullulanase (PUL) - deficient mutants of rice (*Oryza sativa* L.) and the function of PUL on starch biosynthesis in the developing rice endosperm. J. Exp. Bot. , 60: 1009 - 1023.

Fujita N, Yoshida M, Asakura N, et al. , 2006. Function and characterization of starch synthase I using mutants in rice. Plant Physiol. , 140: 1070 - 1084.

Fujita N, Yoshida M, Kondo T, et al. , 2007. Characterization of SSIIIa - deficient mutants of rice: the function of SSIIIa and pleiotropic effects by SSIIIa deficiency in the rice endosperm. Plant Physiol. , 144: 2009 - 2023.

Gao M, Fisher D K, Kim K, et al. , 1996. Evolutionary conservation and expression patterns of maize starch branching enzyme I and IIb genes suggest isoform specialization. Plant Mol. Biol. , 30: 11223 - 11232.

Gao M, Wanat J, Stinard P S, et al. , 1998. Characterization of dull1, a maize gene coding for a novel starch synthase. Plant Cell, 10: 399 - 412.

Gidley M J, Bulpin P V, 1987. Crystallizationofmalto - oligosaccharidesasmodelsofthecrystalline forms of starch. Carbohydr. Res. , 161: 291 - 300.

Grimaud F, Rogniaux H, James M G, et al. , 2008. Proteome and phosphoproteome analysis of starch granule – associated proteins from normal maize and mutants affected in starch biosynthesis. J. Exp. Bot. , 59: 3395 – 3406.

Guan H, Li P, Imparl – Radosevich J, et al. , 1997. Comparing the properties of Escherichia coli branching enzyme and maize branching enzyme. Arch. Biochem. Biophys. , 342: 92 – 98.

Guan H, Preiss J, 1993. Differentiation of the properties of the branching isozymes from maize (*Zea mays*). Plant Physiol. , 102: 1269 – 1273.

Gámez – Arjona F M, Li J, Raynaud S, et al. , 2011. Enhancing the expression of starch synthase class IV results in increased levels of both transitory and long – term storage starch. Plant Biotechnol J. , 9: 1049 – 1060.

Hamada S, Nozaki K, Ito H, et al. , 2001. Two starch – branching – enzyme isoforms occur in different fractions of developing seeds of kidney bean. Biochem. J. , 359: 23 – 34.

Han Y, Bendik E, Sun F, et al. , 2007a. Genomic isolation of genes encoding starch branching enzyme II (SBEII) in apple: Towards characterization of evolutionary disparity in SbeII genes between monocots and eudicots. Planta. , 226: 1265 – 1276.

Han Y, Sun F, Rosales – Mendoza S, et al. , 2007b. Three orthologs in rice, *Arabidopsis*, and *Populus* encoding starch branching enzymes (SBEs) are different from other SBE gene families in plants. Gene. , 401: 123 – 130.

Hanashiro I, Ito K, Kuratomi Y, et al. , 2008. Granule – bound starch synthase I is responsible for biosynthesis of extra – long unit chains of amylopectin in rice. Plant Cell Physiol. , 49: 925 – 933.

Hanashiro I, Matsunaga J, Egashira T, et al. , 2005. Structural characterization of long unit – chains of amylopectin. J. Appl Glycosci. , 52: 233 – 237.

Hanashiro I, Sakaguchi I, Yamashita H, 2013. Branched structures of rice amylose examined by differential fluorescence detection of side – chain distribution. J. Appl Glycosci. , 60: 79 – 85.

Hawker J S, Ozbun J L, Ozaki H, et al. , 1974. Interaction of spinach leaf adenosine diphosphate glucose ' – 1,4 – glucan' – 4 – glucosyl transferase and' – 1, 4 – glucan,' – 1, 4 – glucan – 6 – glucosyl transferase in synthesis of branched' – glucan. Arch. Biochem. Biophys. , 160: 530 – 551.

Hawker J S, Ozbun J L, Preiss J, 1972. Unprimed starch synthesis by soluble

ADPglucose – starch glucosyltransferase from potato tubers. Phytochemistry. , 11: 1287 – 1293.

Hennen – Bierwagen T A, James M G, Myers A M, 2012. Involvement of debranching enzymes in starch biosynthesis. Essential reviews in experimental biology. , 5, 179 – 215.

Hirose T, Terao T, 2004. A comprehensive expression analysis of the starch synthase gene family in rice (*Oryza sativa* L.) . Planta. , 220: 9 – 16.

Hizukuri S, 1986. Polymodal distribution of the chain lengths of amylopectins, and its significance. Carbohydr Res. , 147: 342 – 347.

Hizukuri S, Takeda Y, Yasuda M, et al. , 1981. Multi – branched nature of amylose and the action of debranching enzymes. Carbohydr Res. , 94: 205 – 213.

Horibata T, Nakamoto M, Fuwa H, et al. , 2004. Structural and physicochemical characteristics of endosperm starches of rice cultivars recently bred in Japan. J Appl Glycosci. , 51: 303 – 313.

Hussain H, Mant A, Seale R, et al. , 2003. Three isoforms of isoamylase contribute different catalytic properties for the debranching of potato glucans. Plant Cell. , 15: 133 – 149.

Hwang S, Nishi A, Satoh H, et al. , 2010. Rice endosperm – specific plastidial' – glucan phosphorylase is important for synthesis of short – chain malto – oligosaccharides. Arch. Biochem. Biophys. 495: 82 – 92.

Ikeno S, 1914. Uber die bestaubung und die bastardierung von reis. Z. Pflanzenzucht. , 2: 495 – 503.

Inouchi N, Hibiu H, Li T, et al. , 2005. Structure and properties of endosperm starches from cultivated rice of Asia and other countries. J. Appl. Glycosci. , 52: 239 – 246.

Jacobsen E, Hovenkamp – Hermelink J H M, Krijgheld H T, et al. , 1989. Phenotypic and genotypic characterization of an amylase – free starch mutant of the potato. Euphytica. , 44: 43 – 48.

James M G, Robertson D S, Myers A M, 1995. Characterization of the maize gene sugary1, a determinant of starch composition in kernels. Plant Cell. , 7: 417 – 429.

Jenkins P J, Cameron R E, Donald A M, 1993. A universal feature in the starch granules from different botanical sources. Starch. , 45: 417 – 420.

Kainuma K, French D, 1972. Naegeli amylodextrin and its relationship to starch granule structures. III Role of water in crystallization of B – starch. Biopolymers., 11: 2241 – 2250.

Katayama K, Komae K, Kohyama K, et al., 2002. New sweet potato line having low gelatinization temperature and altered starch structure. Starch., 54: 51 – 57.

Kubo A, Colleoni C, Dinges J R, et al., 2010. Functions of heteromeric and homomeric isoamylasetype starch debranching enzymes in developing maize endosperm. Plant Physiol., 153: 956 – 969.

Kubo A, Fujita N, Harada K, et al., 1999. The starch – debranching enzymes isoamylase and pullulanase are both involved in amylopectin biosynthesis in rice endosperm. Plant Physiol., 121: 399 – 409.

Kubo A, Rahman S, Utsumi Y, et al., 2005. Complementation of sugary – 1 phenotype in rice endosperm with the wheat Isoamylase1 gene supports a direct role for isoamylase1 in amylopectin biosynthesis. Plant Physiol., 137: 43 – 56.

Larsson C T, Hofvander P, Khoshnoodi J, et al., 1996. Three isoforms of starch synthase and two isoforms of branching enzyme are present in potato tuber starch. Plant Sci., 117: 9 – 16.

Li L, Jiang H, Campbell M, et al., 2008. Characterization of maize amylose – extender (ae) mutant starches. part I: relationship between resistant starch contents and molecular structures. Carbohydr Polym., 74: 396 – 404.

Li Z, Li D, Du X, et al., 2011. The barley amo1 locus is tightly linked to the starch synthaseo IIIa gene and negatively regulates expression of granule – bound starch synthetic genes. J. Exp. Bot., 62: 5217 – 5231.

Lin Q, Facon M, Putaux J L, et al., 2013. Function of isoamylase – type starch debranching enzymes ISA1 and ISA2 in the *Zea mays* leaf. New Phytol., 200: 1009 – 1021.

Lin Q, Huang B, Zhang M, et al., 2012. Functional interactions between starch synthase III and isoamylase – type starch – debranching enzyme in maize endosperm. Plant Physiol., 158: 679 – 692.

Liu F, Ahmed Z, Lee E A, et al., 2012. Allelic variants of the amylose – extender mutation of maize demonstrate phenotypic variation in starch structure resulting from modified protein - protein interactions. J. Exp. Bot. , 63: 1167 - 1183.

Lloyd JR, Landschutze V, Kossman J, 1999. Simultaneous antisense inhibition of two starchsynthase isoforms in potato tubers leads to accumulation of grossy modified amylopectin. Biochem. J. , 338: 515 - 521.

Maddelein M L, Libessart N, Bellanger F, et al. , 1994. Toward an understanding of the biogenesis of the starch granule. J. Biol. Chem. , 269: 25150 - 25157.

Mangelsdorf P C, 1947. The inheritance of amylaceous sugary endosperm and its derivatives in maize. Genetics. , 32: 448 - 458.

McMaugh S J, Thistleton J L, Anschaw E, et al. , 2014. Suppression of starch synthase I expression affects the granule morphology and granule size and fine structure of starch in wheat endosperm. J. Exp. Bot. , 65: 2189 - 2201.

Mizuno K, Kawasaki T, Shimada H, et al. , 1993. Alteration of the structural properties of starch components by the lack of an isoform of starch branching enzyme in rice seeds. J. Biol. Chem. , 268: 19084 - 19091.

Mizuno K, Kobayashi E, Tachibana M, et al. , 2001. Characterization of an isoform of rice starch branching enzyme, RBE4, in developing seeds. Plant Cell Physiol. , 42: 349 - 357.

Morell M, Blennow A, Kosar - Hashemi B, 1997. Differential expression and properties of starch branching enzyme isoforms in developing wheat endosperm. Plant Physiol. , 113: 201 - 208.

Morell MK, Kosar - Hashemi B, Cmiel M, et al. , 2003. Barley sex6 mutants lack starch synthase IIa activity and contain a starch with novel properties. Plant J. , 34: 173 - 185.

Mouille G, Maddelein M - L, Libessart N, et al. , 1996. Preamylopectin processing: a mandatory step for starch biosynthesis in plants. Plant Cell. , 8: 1353 - 1366.

Murata T, Sugiyama T, Akazawa T, 1965. Enzymic mechanism of starch synthesis in glutinous rice grains. Biochem. Biophys. Res. Commun. , 18: 371 - 376.

Myers A M, Morell M K, James M G, et al. , 2000. Recent progress toward understanding biosynthesis of the amylopectin crystal. Plant Physiol. , 122: 989 - 997.

Nakamura T, Vrinten P, Hayakawa K, et al. , 1998. Characterization of a granule – bound starch synthase isoform found in the pericarp of wheat. Plant Physiol. , 118：451 – 459.

Nakamura Y, 2002. Towards a better understanding of the metabolic system for amylopectin biosynthesis plants：rice endosperm as a model tissue. Plant Cell Physiol. , 43：718 – 725.

Nakamura Y, 2014. Mutagenesis and transformation of starch biosynthesis of rice and the production of novel starches. Wageningen Academic：251 – 278.

Nakamura Y, Aihara S, Crofts N, et al. , 2014. In vitro studies of enzymatic properties of starch synthases and interactions between starch synthase I and starch branching enzymes from rice. Plant Sci. , 224：1 – 8.

Nakamura Y, Francisco P B J, Hosaka Y, et al. , 2005. Essential amino acids of starch synthase IIa differentiate amylopectin structure and starch quality between japonica and indica rice varieties. Plant Mol. Biol. , 58：213 – 227.

Nakamura Y, Fujita N, Utsumi Y, et al. , 2009. Revealing the complex system of starch biosynthesis in higher plants using rice mutants and transformants. Food and Agriculture Organization of the United Nations, Rome：165 – 167.

Nakamura Y, Kubo A, Shimamune T, et al. , 1997. Correlation between activities of starch debranching enzyme (R – enzyme or pullulanase) and ' – glucan structure in endosperms of sugary – 1 mutants of rice. Plant J. , 12：143 – 153.

Nakamura Y, Ono M, Utsumi Y, et al. , 2012. Functional interaction between plastidial starch phosphorylase and starch branching enzymes from rice during the synthesis of branched maltodextrins. Plant Cell Physiol. , 53：869 – 878.

Nakamura Y, Sakurai A, Inaba Y, et al. , 2002. The fine structure of amylopectin in endosperm from Asian cultivated rice can be largely classified into two classes. Starch. , 54：117 – 131.

Nakamura Y, Takeichi T, Kawaguchi K, et al. , 1992a. Purification of two forms of starch branching enzyme (Q – enzyme) from developing rice endosperm. Physiol Plant. , 84：329 – 335.

Nakamura Y, Umemoto T, Takahata Y, et al. , 1992b. Characteristics and roles of key enzymes associated with starch biosynthesis in rice endosperm. Gamma Field Symp. , 31：25 – 44.

Nakamura Y, Umemoto T, Takahata Y, et al. , 1996. Changes in structure of starch and enzyme activities affected by sugary mutations in developing rice endosperm. possible role of starch debranching enzyme（R－enzyme）in amylopectin biosynthesis. Physiol Plant. , 97: 491－498.

Nakamura Y, Utsumi Y, Sawada T, et al. , 2010. Characterization of the reactions of starch branching enzymes from rice endosperm. Plant Cell Physiol, 51: 776－794.

Nakamura Y, Yuki K, Park S Y, et al. , 1989. Carbohydrate metabolism in the developing endosperm of rice grains. Plant Cell Physiol. , 30: 833－839.

Nelson O E, Rines H W, 1962. The enzymatic deficiency in the waxy mutant of maize. Biochem Biophys. Res. Commun. , 9: 297－300.

Nishi A, Nakamura Y, Tanaka N, et al. , 2001. Biochemical and genetic analysis of the effects of amylose－extender mutation in rice endosperm. Plant Physiol. , 127: 459－472.

Nozaki K, Hamada S, Nakamori T, et al. , 2001. Major isoforms of starch branching enzymes in premature seeds of kidney bean（*Phaseolus vulgaris* L. ）. Biosci Biotechnol Biochem. , 65: 1141－1148.

Ohdan T, Francisco P B, Hosaka Y, et al. , 2005. Expression profiling of genes involved in starch synthesis in sink and source organs of rice. J. Exp Bot. , 56: 3229－3244.

Ozbun J L, Hawker J S, Preiss J, 1971a. Multiple forms of ′－1, 4glucan synthetase from spinach leaves. Biochem Biophys. Res. Commun. , 43: 631－636.

Ozbun J L, Hawker J S, Preiss J, 1971b. Adenosine diphosphoglucose－starch glucosyl transferases from developing kernels of waxy maize. Plant Physiol. , 48: 765－769.

Ozbun J L, Hawker J S, Preiss J, 1972. Soluble adenosine diphosphate glucose－arufa－1, 4－glucan arufa－4－glucosyltransferases from spinach leaves. Biochem. J. , 126: 953－963.

Pan D, Nelson N E, 1984. A debranching enzyme deficiency in endosperms of sugary－1 mutants of maize. Plant Physiol. , 74: 324－328.

Patron N J, Keeling P J, 2005. Common evolutionary origin of starch biosynthetic enzymes in green and red algae. J. Phycol. , 41: 1131－1141.

Perez S, Bertoft E, 2010. The molecular structures of starch components and their contribution to the architecture of starch granules: a comprehensive review. Starch. , 62: 389 - 420.

Pfister B, Lu K, Eicke S, et al. , 2014. Genetic evidence that chain length and branch point distributions are linked determinants of starch granule formation in *Arabidopsis*. Plant Physiol. , 165: 1457 - 1474.

Rahman S, Regina A, Li Z, et al. , 2001. Comparison of starch - branching enzyme genes reveals evolutionary relationships among isoforms: characterization of a gene for starch - branching enzyme IIa from the wheat D genome donor *Aegilops* tauschii. Plant Physiol. , 125: 1314 - 1324.

Ral J P, Colleoni C, Wattebled F, et al. , 2006. Circadian clock regulation of starch metabolism establishes GBSSI as a major contributor to amylopectin synthesis in *Chlamydomonas* reinhardtii. Plant Physiol. , 142: 305 - 317.

Regina A, Bird A, Topping D, et al. , 2006. High - amylose wheat generated by RNA interference improves indices of large - bowel health in rats. Proc. Natl. Acad. Sci. USA. , 103: 3546 - 3551.

Regina A, Kosar - Hashemi B, Ling S, et al. , 2010. Control of starch branching in barley defined through differential RNAi suppression of starch branching enzyme IIa and IIb. J. Exp. Bot. , 61: 1469 - 1482.

Roldan L, Wattebled F, Lucas M M, et al. , 2007. The phenotype of soluble starch synthase IV defective mutant of *Arabidopsis* thaliana suggests a novel function of elongation enzymes in the control of starch granule formation. Plant J. , 49: 492 - 504.

Rundle R E, Daasch L, French D, 1944. The structure of the "B" modification of starch from film and fiber diffraction diagrams. J. Am. Chem. Soc. , 66: 130 - 134.

Rydberg U, Andersson L, Andersson R, et al. , 2001. Comparison of starch branching enzyme I and II from potato. Eur. J. Biochem. , 268: 6140 - 6145.

Satoh H, Nishi A, Yamashita K, et al. , 2003. Starch - b ranching enzyme I - deficient mutation specifically affects the structure and properties of starch in rice endosperm. Plant Physiol. , 133: 1111 - 1121.

Satoh H, Shibahara K, Tokunaga T, et al. , 2008. Mutation of the plastidial' - glucan phosphorylase gene in rice affects the synthesis of branched maltodextrins. Plant Cell. , 20: 1833 - 1849.

Sawada T, Francisco P B, Aihara S, et al. , 2009. Chlorella starch branching enzyme II （BEII） can complement the function of BEIIb in rice endosperm. Plant Cell Physiol. , 50: 1062 - 1074.

Sawada T, Nakagami T, Utsumi Y, et al. , 2013. Characterization of starch and glycogen branching enzymes from various sources. J. Appl. Glycosci. , 60: 69 - 78.

Sawada T, Nakamura Y, Ohdan T, et al. , 2014. Diversity of reaction characteristics of glucan branching enzymes and the fine structure of ' - glucan from various sources. Arch. Biochem. Biophys. , 562: 9 - 21.

Shannon J C, Garwood D L, 1984. Genetics and physiology of starch development. New York: Academic: 25 - 86.

Shannon J C, Garwood D L, Boyer C D, 2007. Genetics and physiology of starch development. New York: Academic: 23 - 82.

Shannon J C, Pein F M, Cao H P, et al. , 1998. Brittle - 1, an adenylate translocator, facilitates transfer of extraplastidial synthesized ADP - glucose into amyloplasts of maize endosperms. Plant Physiol. , 117: 1235 - 1252.

Sim L, Beeren S R, Findinier J, et al. , 2014. Crystal structure of the Chlamydomonas starch debranching enzyme isoamylase ISA1 reveals insights into the mechanism of branch trimming and complex assembly. J. Biol. Chem. , 289: 22991 - 23003.

Smith A M, 1988. Major differences in isoforms of starch - branching enzyme between developing embryos of round - and wrinkled - seeded peas （*Pisum sativum* L. ）. Planta. , 175: 270 - 279.

Streb S, Delatte T, Umhang M, et al. , 2008. Starch granule biosynthesis in Arabidopsis is abolished by removal of all debranching enzymes but restored by the subsequent removal of an endoamylase. Plant Cell. , 20: 3448 - 3466.

Streb S, Zeeman S C, 2014. Replacement of the endogenous starch debranching enzymes ISA1 and ISA2 of *Arabidopsis* with the rice orthologs reveals a degree of functional conservation during starch synthesis. PLoS One. , 9: e92174.

Sullivan T D, 1995. The maize brittle1 gene encodes amyloplast membrane polypeptides. Planta. , 196: 477 - 484.

Sun C, Sathish P, Ahlandsberg S, et al. , 1998. The two genes encoding starch - branching enzymes IIa and IIb are differentially expressed in barley. Plant Physiol. , 118: 37 - 49.

Szydlowsky N, Ragel P, Hennen - Bierwagen T A, 2011. Integrated functions among multiple starch synthases determine both amylopectin chain length and branch linkage location in *Arabidopsis* leaf starch. J. Exp. Bot. , 62: 4547 - 4559.

Szydlowsky N, Ragel P, Raynaud S, et al. , 2009. Starch granule initiation in *Arabidopsis* requires the presence of either class IV or class II starch synthases. Plant Cell. , 21: 2443 - 2457.

Takeda Y, Guan H, Preiss J, 1993. Branching of amylose by the branching isoenzymes of maize endosperm. Carbohydr Res. , 240: 253 - 263.

Takeda Y, Hizukuri S, Juliano B O, 1987. Structure of rice amylopectins with low and high affinities for iodine. Carbohydr Res. , 168: 79 - 88.

Takeda Y, Hizukuri S, Takeda C et al. , 1987b. Structures of branched molecules of amyloses of various botanical origins, and molar fractions of branched and unbranched molecules. Carbohydr Res, 165: 139 - 145.

Tanaka N, Fujita N, Nishi A, et al. , 2004. The structure of starch can be manipulated by changing expression levels of starch branching enzyme IIb in rice endosperm. Plant Biotechnol J. , 2: 507 - 516.

Tanaka Y, Akazawa T, 1971. Enzymic mechanism of starch synthesis in ripening rice grains VI. isozymes of starch synthase. Plant Cell Physiol. , 12: 493 - 505.

Tetlow I, 2012. Branching enzymes and their role in determining structural and functional properties of polyglucan. essential reviews in experimental biology. London: The Society for Experimental Biology: 141 - 177.

Thompson D B, 2000. On the non - random nature of amylopectin branching. Carbohydr Polym. , 43: 223 - 239.

Tomlinson K L, Lloyd J R, Smith A M, 1998. Major differences in isoform composition of starch synthase between leaves and embryos of pea (*Pisum sativum* L.) . Planta. , 204: 86 - 92.

Toyosawa Y, Kawagoe Y, Matsushima R, et al. , 2016. Deficiency of starch synthase IIIa and IVb leads to dramatic changes in starch granule morphology in rice endosperm. Plant Physiol, 170 (3): 1255 - 1270.

Umemoto T, Nakamura Y, Satoh H, et al. , 1999. Differences of amylopectin structure between two rice varieties in relation to the effects of temperature during grain – filling. Starch. ，51：58 – 62.

Umemoto T，Yano M，Satoh H，et al. ，2002. Mapping of a gene responsible for the difference in amylopectin structure between japonica – type and indica – type rice varieties. Theor. Appl. Genet. ，104：1 – 8.

Utsumi Y，Nakamura Y，2006. Structural and enzymatic characterization of the isoamylase1 homo – oligomer and the isoamylase1 – isoamylase2 hetero – oligomer from rice endosperm. Planta. ，225：75 – 87.

Utsumi Y，Utsumi C，Sawada T，et al. ，2011. Functional diversity of isoamylase oligomers： the ISA1 homo – oligomer is essential for amylopectin biosynthesis in rice endosperm. Plant Physiol. ，156：61 – 77.

Visser R G F，Somhorst I，Kuipers G J，et al. ，1991. Inhibition of the expression of the gene for granule – bound starch synthase in potato by antisense constructs. Mol. Gen. Genet. ，225：289 – 296.

Wattebled F，Dong Y，Dumez S，et al. ，2005. Mutants of Arabidopsis lacking a chloroplastic isoamylase accumulates phytoglycogen and an abnormal form of amylopectin. Plant Physiol. ，138：184 – 195.

Wattebled F，Planchot V，Dong Y，et al. ，2008. Further evidence for the mandatory nature of polysaccharide debranching for the aggregation of semicrystalline starch and for overlapping functions of debranching enzymes in Arabidopsis leaves. Plant Physiol. ，148：1309 – 1323.

Weber A P M，Linka N，2011. Connecting the plastids： transporters of the plastid envelope and their role in linking plastidial with cytosolic metabolism. Annu. Rev. Plant Biol. ，62：53 – 77.

Xia H，Yandeau – Nelson M，Thompson D B，et al. ，2011. Deficiency of maize starch – branching enzyme I results in altered starch fine structure，decreased digestibility and reduce coleoptiles growth during germination. BMC Plant Biol. ，11：95.

Yamamori M，Fujita S，Hayakawa K，et al. ，2000. Genetic elimination of a starch granule protein，SGP – 1，of wheat generates an altered starch with apparent high amylose. Theor. Appl. Genet. ，101：21 – 29.

Yamanouchi H，Nakamura Y，1992. Organ specificity of isoforms of starch branching enzyme （Q – enzyme） in rice. Plant Cell Physiol. ，33：985 – 991.

Yao Y，Thompson D B，Guiltinan M J，2004. Maize starch – branching enzyme isoforms and amylopectin structure. In the absence of starch – branching enzyme IIb, the further absence of starch – branching enzyme Ia leads to increased branching. Plant Physiol. , 136: 3515 – 3523.

Yun M, Umemoto T, Kawagoe Y, 2011. Rice debranching enzyme isoamylase3 facilitates starch metabolism and affects plastid morphogenesis. Plant Cell Physiol. , 52: 1068 – 1082.

Zeeman S C, Kossman J, Smith A M, 2010. Starch: its metabolism, evolution, and biotechnological modification in plants. Annu. Rev. Plant Biol. , 61: 209 – 234.

Zeeman S C, Umemoto T, Lue W, et al. , 1998. A mutant of *Arabidopsis* lacking a chloroplastic isoamylase accumulates both starch and phytoglycogen. Plant Cell. , 10: 1699 – 1711.

Zhang X, Colleoni C, Ralushana V, et al. , 2004. Molecular characterization demonstrates that the Zea mays gene sugary2 codes the starch synthase isoform SSIIa. Plant Mol. Biol. , 54: 865 – 879.

Zhang X, Szydlowski N, Delvalle D, et al. , 2008. Overlapping functions of the starch synthase SSII and SSIII in amylopectin biosynthesis in *Arabidopsis*. BMC Plant Biol. , 8: 96 – 113.

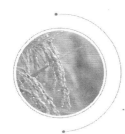

第5章
淀粉基因变异与稻米品质

在前几章中，分别从不同角度阐述了淀粉与稻米食味品质的关系。总体上，食味改良大多与稻米直链淀粉含量降低有关。为了改善稻米食味品质，世界各地都自觉或不自觉地运用各种资源，选用了大量直链淀粉含量较低的水稻品种。在我国早期，最著名的较低直链淀粉含量品种当属我国云南地区的软米。20世纪80年代以来，日本为了在越光基础上进一步提高稻米食味品质，大规模通过诱变方法创造了一些低直链淀粉含量（AAC在4%～15%）的资源及品种。这些品种总体上表现出米饭更加柔软、黏性增大，口感提高。

稻米淀粉不仅是公众直接食用的材料，也可作为工业材料应用。稻米淀粉特性发生变化后，可能会出现性质改变，从而促进加工业发展。一般淀粉特性发生变化后，米粒外观可能发生改变。与普通大米的透明胚乳相比，出现半透明（dull）、蜡质、粉质（floury）等多种特征（图5-1）。

本章围绕淀粉成分变异引起的稻米品质变化加以阐述。

5.1 低直链淀粉含量遗传变异

5.1.1 Wx 基因的遗传效应及其变异

Wx 基因是控制直链淀粉合成的主要基因。我国学者 Wang 等（1995）克隆了水稻 Wx 基因。该基因位于第6染色体短臂，由14个外显子和13个内含子组成。它的转录起始位点位于第1

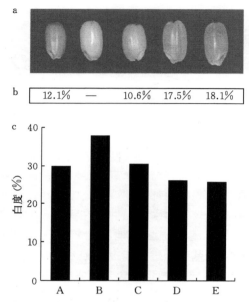

图 5-1　稻米胚乳外观与直链淀粉含量、白度的对应

a. 胚乳外观　b. 直链淀粉含量　c. 白度［其中品种 D（Junam）和 E（Milyang 265）胚乳外观为透明，正常糙米色泽；品种 B（Baegokchal）是糯稻，为蜡质；品种 A（il-yang 262）和 C（Baekjinju）为半透明，即 dull］

外显子内，而翻译起始密码子位于第 2 外显子中。非糯水稻品种的转录过程是：首先转录出一个 3.3 kb 的前体 RNA，然后经剪切形成一个 2.3 kb 的成熟 mRNA，成熟 mRNA 进一步翻译成 GBSSⅠ（Wang et al.，1995；Cai et al.，1998）。不同水稻品种直链淀粉含量取决于 GBSSⅠ的量、活性等。目前，已经发现大量 Wx 基因位点的变异（朱霁晖等，2015），其变异位点、功能分别总结列入图 5-2和表 5-1。Wx 基因位点的改变，不仅带来了直链淀粉含量的变化，而且使胚乳由透明状变为云雾状或浊化为蜡质不透明、粉状等。

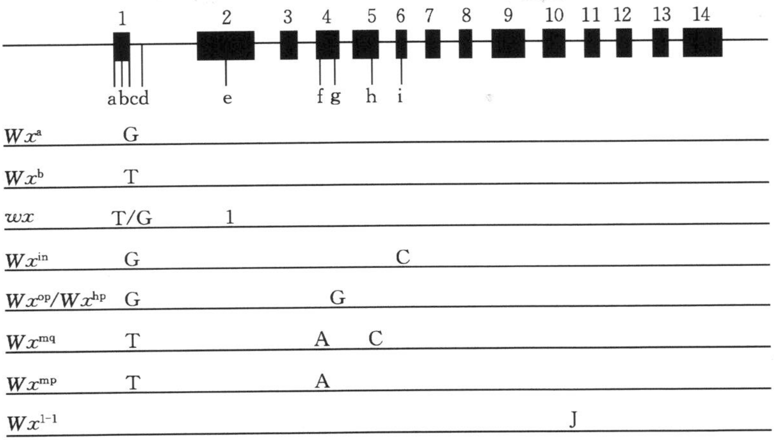

图 5 - 2　**Wx** 基因结构及部分变异类型

（朱雯晖等，2015）

注：大写字母表示碱基，小写字母表示染色体位点。a：转录开始的碱基位点；b：第 1 外显子（CT）n，位于第 1 外显子中部；c：第一内含子 5′ 端 SNP；d：第 1 内含子（AATT）n，位于第 1 内含子起始位点；e：糯稻 23bp 插入，位于第 2 外显子中前部位点；f：第 4 外显子（共 99bp）第 53 位碱基；g：第 4 外显子（共 99bp）第 77 位碱基；h：第 5 外显子（共 90bp）第 52 位碱基；i：第 6 外显子（共 64bp）第 62 位碱基，J：第 10 内含子缺失 37bp。

表 5 - 1　部分 **Wx** 基因位点变异材料的表型

突变体	直链淀粉含量（%）	胚乳外观	基因名称	亲本	突变方式
	＞25	透明	Wx^a		
	15～18	透明	Wx^b		
	＜2	不透明	wx		
Milky Queen	9～12	半透明	Wx^{mq}	Koshihikari	MNU
ARC6622	13.5	不透明	Wx^{op}	Pokhareli Mashino	自然突变
ARC10818	13.2	不透明	Wx^{tp}	Pokhareli Mashino	自然突变
Oboziki	7.7	半透明	Wx^{1-1}	Hokkai287	自然突变
Mirukiparu	10	半透明	$Wx^{1(t)}$	Koshihikari	MNU

（续）

突变体	直链淀粉含量（%）	胚乳外观	基因名称	亲本	突变方式
	9.7～12.23	不透明	Wx^{hp}	豪屁	自然变异
	18～22	透明	Wx^{in}	东南亚热带粳稻和香稻如 Basmati	自然变异

籼稻直链淀粉含量主要是由 Wx^a 等位基因控制的，这些水稻品种胚乳转录出的 3.3 kb 前体 RNA 被完全剪切，产生大量 2.3 kb 的成熟 mRNA，从而合成较多的 GBSS I 酶，合成大量直链淀粉（Wang et al.，1995；Cai et al.，1998），这类品种直链淀粉含量一般在 24% 以上。较高的直链淀粉含量往往使米饭较硬，适口性欠佳。经过我国育种者的努力，现在在籼稻中已经出现大量直链淀粉含量在 20% 以下的品种，这应该与 Wx 基因结构改变有关。

当 Wx^a 基因序列第 1 内含子的 5' 端剪切处第一个碱基由 G 变为 T，则等位基因变为粳稻中的 Wx^b，这一变化降低了 Wx 基因转录前体 RNA 剪切为成熟 mRNA 时的效率，导致只合成少量的成熟 mRNA，从而导致 GBSS I 的含量降低，最终使合成的直链淀粉显著减少（Ayres et al.，1997；Frances et al.，1998；Hirano et al.，1998）。粳稻直链淀粉含量一般在 15%～20%。

对于糯稻品种，Wx^a 基因位点的第 2 外显子有一段 23 bp 的插入，导致基因表达出现移码，无法合成 GBSS I 蛋白，最终无法形成直链淀粉。此外，也有少数糯稻品种是由于在 Wx 基因中其他位置的突变引起的（Hori et al.，2007）。

Wx 基因单碱基变异往往导致直链淀粉含量变化，目前已经明确，Wx^{op}（Mikami et al.，1999，2008）、Wx^{hp}（Ling et al.，2009）、Wx^{mq}（Sato et al.，2001，2002）、Wx^{mp}（Yang et al.，2013）、Wx^{1-1} 等单碱基变异导致直链淀粉含量大幅降低，一般达到

$7\%\sim15\%$；而 Wx^{in}（Mikami et al.，2008）基因导致直链淀粉含量较高，在 $18\%\sim22\%$（表 5 - 1）。

此外，由于长期的演化与分化等因素，Wx 基因非编码区还产生了许多变异，如在第 1 外显子的（CT）n（Bligh et al.，1995；Ayres et al.，1997；舒庆尧等，1999）、第 1 内含子（AATT）n（Tan et al.，2001）等，这些重复序列在籼、粳、糯等不同类型水稻品种中分布模式不同，也对直链淀粉含量产生影响。

5.1.2　dull 突变体

胚乳为半透明（dull）或者成为云雾状的低直链淀粉含量突变体又称 $dull$ 突变体。迄今，至少已经发现了 12 个以 du 命名及其他基因命名表现 dull 性状的突变体，分别为 $du1$、$du2$、$du3$、$du4$、$du5$（Yano et al.，1988）、$du6a$（t）和 $du6b$（t）以及一个显性基因 $Du7$、du（$EM47$）、du（2120）、$du(2035)$（Kaushik et al.，1991）、$NM391$［$du12(t)$］（Kiswara et al.，2014）。利用三体分析，将 $du1$、$du4$、du（$EM4$）、du（2120）和 du（2035）分别定位于第 7、3、4、6 和 9 染色体上（Okuno et al.，1993；Yano et al.，1988；Kaushik et al.，1991）。利用现代分子遗传学，分别将 $du3$、$du12$（t）定位在第 3（Isshiki et al.，2008）、6 染色体上。过去的研究认为，$dull$ 与 Wx 是非等位的，但目前一些 Wx 基因变异也表现出 dull 表型。一些 $dull$ 突变体特性总结见表 5 - 2。

表 5 - 2　部分 du 突变与 flo 突变的表型及其特性

基因或突变系名称	直链淀粉含量（%）	胚乳外观	作用机理	所在染色体	突变方式
$du1$	7.0	半透明	影响 Wx 基因 mRNA 剪切	7	
$du2$			影响 Wx 基因 mRNA 剪切		

（续）

基因或突 变系名称	直链淀粉 含量（%）	胚乳 外观	作用机理	所在 染色体	突变方式
du3					
du4				3	
du6a（*t*）					
du6b（*t*）					
Du7					
du（EM47）				4	
du（2120）				6	
NC‐YCF12	14.5～15.8	粉质	*nf‐yc12* 突变体中与淀粉生物合成和能量代谢相关的基因在下调的类别中富集		
Suweon 542	18.5	粉质		5	叠氮化物诱变
flo2	9	粉质	降低了胚乳中参与储备淀粉和蛋白生产的基因的表达	4	粳稻突变
flo4	15.2～16.2	粉质	T‐DNA 插入 OsP‐PDKB 基因的第 5 个内含子，该基因编码丙酮酸正磷酸盐双激酶（PPDK）	5	T‐DNA 插入
flo5	21.96～23.36	粉质	SSIIIa 的 T‐DNA 插入突变	6	T‐DNA 插入

5.1.3 粉质胚乳突变体

淀粉成分合成及淀粉体结晶构造的形成过程中涉及一系列酶，其中一些酶变化可以导致胚乳不透明，胚乳解剖结构表现为淀粉积累疏松、淀粉粒为单个淀粉粒、粒间有空隙，这类突变体称为粉质胚乳突变体（floury）。粉质胚乳突变体与糯稻的蜡质表型相近，但其表观感觉淀粉积累更疏松，直链淀粉含量一般降低。目前，已经克隆到第 3 染色体上的 *flo6* （Peng et al.，2014）、*flo10* （Wu et al.，2019）、*flo14* （Xue et al.，2019），第 4 染色体的 *flo2* （She et al.，2010），第 5 染色体的 *flo15*，第 9 染色体的 *flo8* （Long，2017），第 10 染色体上的 *flo7* （Zhang et al.，2016）、*flo16* （Teng et al.，2019），第 12 染色体 *flo11*、*OsRab5a* （Wang et al.，2010）和 T-DNA 插入敲除 OsPPDKB 获得的 *flo4*、插入 T-DNA 敲除 SSIIIa 而获得的 *flo5* （Nayeon et al.，2007）等。*dull* 突变体与粉质胚乳突变体，具有相似的胚乳外观，其有关特点归纳在表 5-2 中，但其形成机理可能存在多种模式，尚需进一步研究。近年来，万建民院士研究团队克隆大量粉质胚乳突变体基因，部分突变体性状总结如表 5-3 所示。

表 5-3　万建民院士研究团队创造的部分水稻粉质胚乳突变体特性概况

基因或突变系名称	直链淀粉含量（%）	作用机理	所在染色体	突变方式
T3612	12.24	编码蛋白质二硫化物类异构酶的基因的缺失	11	日本晴组培
fse1	15.2	与磷脂酸偏好的磷脂酶 A1 是同源的	8	亚硝基脲诱变
gpa1	胚乳细胞内腔增大，蛋白体Ⅱ（PBⅡ）变小，并积累了 3 种新生成的亚细胞结构	对应 OsRab5a，它编码一个小的 GTPase	1	^{60}Co 诱变
flo16	15.0，DP 11～12、15～31 降低	编码一个依赖于 nadi 的基因胞质苹果酸脱氢酶（CMDH）。突变体的 ATP 含量降低，导致淀粉合成相关酶活性显著降低	10	^{60}Co 诱变
flo15	15.9	参与甲基乙二醛（MG）解毒的乙二醛酶Ⅰ（GLYI）	5	MNU 诱变

（续）

基因或突变系名称	直链淀粉含量（%）	作用机理	所在染色体	突变方式
flo14	与野生型 AC 无差异，但淀粉显著低	编码了一个包含 10 个 PPR 基序的新型 p 家族 PPR 蛋白，命名为 OsNPPR3	3	化学诱变
flo12	13.8（PC，8.5%）	编码水稻丙氨酸氨基转移酶 1（OsAlaAT1）	10	粳稻突变
flo11	无变异	编码 OsHsp70cp‑2，可能调节蛋白质导入淀粉体中	12	⁶⁰Co 诱变
flo10	AC 降低，PC 升高	编码了一种具有 26 个 PPR 基序的 p 型 PPR 蛋白	3	MNU 诱变
flo8	12	两个突变，UDP‑葡萄糖焦磷酸化酶 1（Ugp1）基因中分别发生了单核苷酸替换和 8‑bp 插入	9	MNU 诱变
flo7	外胚乳 AC 显著减少	编码一种功能未知蛋白质	10	T‑DNA 插入
W59	9.8	OsPKpα1 突变，降低了质体磷酸丙酮酸激酶活性，导致种子的脂质生物合成显著变化。淀粉含量也明显下降	7	越光化学诱变

5.2 高直链淀粉含量变异

高直链淀粉食物通过小肠并不被消化，这种淀粉被称为抗性淀粉。抗性淀粉在低热量食品开发中具有重要意义。在玉米中，已经发现 *ae* 等高直链淀粉含量材料。Yano 等（1985）发现一组高直链淀粉含量突变体（表 5‑4），这些突变体的直链淀粉含量在 29.4%～35.4%，而亲本只有 17.9%。进一步比较研究了一个直链淀粉含量为 30.8% 的突变体与其亲本的淀粉组分特征发现，突

表 5 - 4　几个高直链淀粉含量水稻突变体胚乳的淀粉特征

（Yano et al.，1985）

品系名称	胚乳特征	直链淀粉含量（%）	淀粉组分分布				FrⅢ/FrⅡ	峰值处的链长	
			FrⅠ	Int. Fr	FrⅡ	FrⅢ		FrⅡ	FrⅢ
Kinmaze	半透明	17.4	20.4	3.7	16.7	59.2	3.5	38	14
EM - 10	粉质胚乳	29.4							
EM - 16	粉质胚乳	30.8	27.7	10.1	26.7	36.0	1.4	42	16
EM - 72	粉质胚乳	34.1							
EM - 129	粉质胚乳	35.4							
EM - 145	粉质胚乳	32.4							

注：根据碘-碳水化合物复合物对各组分的范围进行如下划分：FrⅠ，$\lambda_{max} \geqslant$ 620 nm，Int. Fr，620 nm $> \lambda_{max} \geqslant$ 600 nm，FrⅡ，600 nm $> \lambda_{max} \geqslant$ 540 nm，FrⅢ，540 nm $< \lambda_{max}$。

变体的 FrⅠ、Int. Fr、FrⅡ组分增多，而 FrⅢ组分减少，并且 FrⅡ、FrⅢ峰值处的链长变长，淀粉糊化的起始温度明显高于亲本。X-线衍射图谱亲本表现为 A 型，而突变体则表现为 B 型。总体上，高直链淀粉含量突变体特征与玉米 ae 突变体相似。

Zhong 等（2019）在籼稻 9311×日本晴形成的染色体片段代换后代中，在第 3 染色体分子标记 Y8113 与 Y7237 之间发现一个明显提高直链淀粉含量的 QTL 位点 qSAC3[ind]。qSAC3[ind]能够使 Wx[mp]明显提高直链淀粉含量并增加胚乳透明性。

5.3　多个变异基因的结合及淀粉性质的变化

目前，许多淀粉突变基因已经被鉴定出来，但有些突变体的表型与野生型相似，这就需要集合多个突变体进行更广泛的研究，才能明确基因的功能。而且，一些多突变基因的集合体具有独特的淀粉性质（彩图 5 - 1），这对于开展深入研究具有重要意义。Fujita 等创造了大量的多突变基因集合体，在 *Starch* 一书中做了详细介绍，有关内容可参阅相关章节。

5.4 淀粉突变体与稻米食味及淀粉形成机理研究的联系

稻米淀粉既是人类食物和能量来源的主要物质之一，同时又是重要的工业原料，创造大量的淀粉突变体，不仅能够极大丰富我们的生活，而且对阐明淀粉合成机制等科学问题具有重要意义。

一些低直链淀粉含量突变体具有优良的食味，如云南软米、日本的一些极低直链淀粉含量材料等，在育种应用领域已经得到大量应用（朱昌兰等，2004）。同时，这些淀粉突变体可能具有独特的加工性能，在制粉等方面有特殊的作用。

综合前述的一些研究结果，还可以发现，淀粉性状改变涉及一系列基因的变化，对其进行深入研究，有利于阐明淀粉合成机理。因此，围绕淀粉，在广泛的领域还需要不断地进行深入研究。

参 考 文 献

舒庆尧，吴殿星，夏英武，等，1999. 籼稻和粳稻中蜡质基因座位上微卫星标记的多态性及其与直链淀粉含量的关系. 遗传学报，26（4）：350-358.

朱昌兰，沈文飚，翟虎渠，等，2004. 水稻低直链淀粉含量基因育种利用的研究进展，中国农业科学，37（2）：157-162.

朱霁晖，张昌泉，顾铭洪，等，2015. 水稻 Wx 基因的等位变异及育种利用研究进展，中国水稻科学，29（4）：431-438.

Ayres N M, McClung A M, Larkin P D, et al. , 1997. Microsatellites and a single nucleotide polymorphism differentiate apparent amylose classes in an extended pedigree of US rice germplasm. Theor. Appl. Genet, 94：773-781.

Bligh H F J, Till R I, Jones C A, 1995. A microsatellite sequence closely linked to the waxy gene of *Oryza sativa*. Euphytica，86：83-85.

Cai X L, Wang Z Y, Xing Y Y, et al. , 1998. Aberrant splicing of intron 1 leads to the heterogeneous 5′ UTR and decreased expression of waxy gene in rice cultivars of intermediate amylose content. Plant J. , 14（4）：459-465.

Cheng P, Wang Y H, Liu F, et al. , 2014. Floury endosperm6 encodes a

CBM48 domain – containing protein involved in compound granule formation and starch synthesis in rice endosperm. The Plant Journal, 77: 917 – 930.

Frances H, Bligh J, Larkin P D, et al. , 1998. Use of alternate splice sites in granule – bound starch synthase mRNA from low – amylose rice varieties. Plant Mol. Biol. , 38 (3): 407 – 415.

Gilang K, JongHee L, YeonJae H, et al. , 2014. Genetic analysis and molecular mapping of low amylose gene *dul2* (t) in rice (*Oryza sativa* L.), Theor. Appl. Genet. , 127: 51 – 57.

Hirano H Y, Eiguchi M, Sano Y, 1998. Author information. A single base change altered the regulation of the Waxy gene at the posttranscriptional level during the domestication of rice. Mol. Biol. Evol. , 15 (8): 978 – 987.

Hong X J, Harry T, Horner T, et al. , 2010. Formation of elongated starch granules in high – amylose maize. Carbohydrate Polymers, 80: 533 – 538.

Hong – Gyu K, Sunhee P, Makoto M, et al. , 2005. White – core endosperm floury endosperm – 4 in rice is generated by knockout mutations in the C_4 – type pyruvate orthophosphate dikinase gene (OsPPDKB). The Plant Journal, 42: 901 – 911.

Hori Y, Fujimoto R, Sato Y, et al. , 2007. A novel wx mutation caused by insertion of a retrotransposon – like sequence in a glutinous cultivar of rice (*Oryza sativa*). Theor. Appl. Genet. , 115 (2): 217 – 224.

Jay – lin J, Zihau A, Susan A. et al. , 2003. Structures of amylopectin and starch granules: how are they synthesized. Journal of Applied Glycoscience, 50: 167 – 172.

Kaushik R P, Khush G S, 1991. Genetic analysis of endosperm mutants in rice, *Oryza sativa* L. Theoretical and Applied Genetics, 83: 146 – 152.

Ling L, Liu X D, Ma S J, et al. , 2009. Identification and characterization of a novel Waxy allele from a Yunnan rice landrace. Plant Molecular Biology, 71: 609 – 626.

Masayuki I, Kazuko M, Midori N, et al. , 1998. A naturally occurring functional allele of the rice waxy locus has a GT to TT mutation at the 59 splice site of the first intron. The Plant Journal, 15 (1): 133 – 138.

Masayuki I, Yasuyuki M, Aya T, 2008. A mRNA cap – binding protein gene, regulates amylose content in Japonica rice seeds. Plant Biotechnology, 25:

483 - 487.

Mikami I, Aikawa M, Hirano H Y, et al. , 1999. Altered tissuespecific expression at the Wx gene of opaque mutants in rice. Euphytica, 105: 91 - 97.

Mikami I, Uwatoko N, Ikeda Y, et al. , 2008. Allelic diversification at the Wx locus in landraces of Asian rice. Theor. Appl. Genet. , 116: 979 - 989.

Nayeon R, Chul Y, Cheon - Seok P, et al. , 2007. Knockout of a starch synthase gene OsSSIIIa/Flo5 causes white - core floury endosperm in rice (*Oryza sativa* L.) . Plant Cell Rep. , 26: 1083 - 1095.

Okuno K, Nagamine T, Oka M, 1993. New lines harboring du genes for low amylose content in endosperm starch of rice. Japan Agricultural Research Quarterly, 27: 102 - 105.

Samart W, Theerayut T, Somvong T, et al. , 2003. Duplicated coding sequence in the waxy allele of tropical glutinous rice (*Oryza sativa* L.) . Plant Science, 165: 1193 - 1199.

Sato H, 2002. Genetics and breeding of high eating quality rice: Status and perspectives on the researches of low amylose content rice. Japan Agriculture and Horticulture, 77 (5): 20 - 28.

Sato H, Suzuki Y, Okuno K, et al. , 2001. Genetic an alysis of low - amylose content in a rice variety, 'Milky Queen' . Japan Breeding Research, 3: 13 - 19.

Sato H, Suzuki Y, Sakai M, et al. , 2002. Molecular characterization of Wx - mq, a novel mutant gene for lowamylose content in endosperm of rice (*Oryza sativa* L.) . Breeding Science, 52: 131 - 135.

Tan Y F, Zhang Q F, 2001. Correlation of simple sequence repeat (SSR) variants in the leader sequence of the waxy gene with amylose content of the grain in rice. Acta. Bot. Sin. , 43: 146 - 150.

Tsuyoshi I, Aya S, Hiro - Yuki H, et al. , 2000. Analysis of intragenic recombination at wx in rice: correlation between the molecular and genetic maps within the locus. Genome, 43 (4): 589 - 596.

Wang Y H, Ren Y L, Liu X, et al. , 2010. OsRab5a regulates endomembrane organization and storage protein trafficking in rice endosperm cells. The Plant Journal, 64: 812 - 824.

Wang Z Y, Zheng F Q, Shen G Z, et al. , 1995. The amylose content in rice endosperm is related to the post – transcriptional regulation of the waxy gene. Plant J. , 7 (4)：613 – 22.

Wu M M，Ren Y L，Cai M L，et al. ，2019. Rice floury endosperm10 encodes a pentatricopeptide repeat protein that is essential for the trans – splicing of mitochondrial nad1 intron Ⅰ and endosperm development. New Phytologist，223：736 – 750.

Xue M Y，Liu L L，Yu Y F，et al. ，2019. Lose – of – function of a rice nucleolus – localized pentatricopeptide repeat protein is responsible for the floury endosperm14 mutant phenotypes. Rice，12：100.

Yano M，Okuno K，Kawakami J，et al. ，1985. High amylose mutants of rice，*Oryza sativa* L. Theor. Appl. Genet. ，69：253 – 257.

Yano M，Okuno K，Satoh H，et al. ，1988. Chromosomal location of genes conditioning low amylose content of endosperm starches in rice (*Oryza sativa* L.) . Theoretical and Applied Genetics，76：183 – 189.

Zhang H，Zhou L H，Heng X，et al. ，2019. The qSAC3 locus from indica rice effectively increases amylose content under a variety of conditions. BMC Plant Biology，19：275.

Zhang L，Ren Y L，Lu B Y，et al. ，2016. FLOURY ENDOSPERM7 encodes a regulator of starch synthesis and amyloplast development essential for peripheral endosperm development in rice. Journal of Experimental Botany，67 (3)：633 – 647.

Zhong M S，Liu X，Liu F，et al. ，2019. Floury endosperm12 encoding alanine aminotransferase 1 regulates carbon and nitrogen metabolism in rice. J. Plant Biol. ，62：61 – 73.

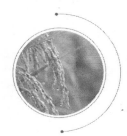

第6章
稻米蛋白质特性与粳稻食味

6.1　稻米蛋白质形态特征

稻米蛋白质按其功能分为结构蛋白和贮藏蛋白两大类，前者主要是作为维持细胞正常代谢的各种酶，种类繁多，但含量极少；后者是种子贮藏物质，占稻米蛋白质的绝大部分。

稻米贮藏蛋白主要以蛋白体形式存在。蛋白体是由单层细胞膜包裹蛋白质的亚细胞结构，其主要成分除蛋白质外，还含有少量的植酸和植物凝集素。稻米蛋白体包括 PB_1 和 PB_2 两种，PB_1 由粗糙内质网发育而来，多数呈球形，电镜下染色较浅，表面有核糖体和多聚核糖体附着；PB_2 由蛋白贮藏液泡积累蛋白质形成，多数为不规则形，体积较大，电子密度较高。用胃蛋白酶消化蛋白体，发现 PB_1 较难消化，而 PB_2 较容易消化。两种蛋白质特性总结如表 6-1 所示。

表 6-1　稻米蛋白体 PB_1 和 PB_2 的特性

（王忠，2015）

指标	PB_1	PB_2
形状	球形	椭圆形
结构	同心片层结构，染色浅	没有片层结构，内部质地均匀，染色深
性能	物理性能强	物理性能弱
易消化性	对蛋白酶有较强抵抗力	对蛋白酶抵抗力弱
蛋白质种类	醇溶蛋白	主要是谷蛋白，其次是球蛋白
占胚乳蛋白质总量	20%	60%

　　颖果灌浆开始大约5d就进行蛋白质的积累。对成熟中后期的水稻颖果进行切片观察，可以见到其中的蛋白体（图6-1）。

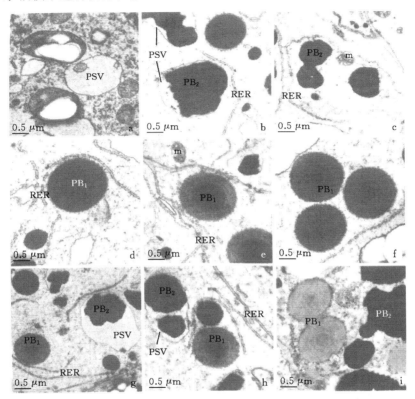

图6-1　水稻胚乳细胞中蛋白体的形成及蛋白体超微结构

（王忠，2015）

　　a. 花后5 d，胚乳细胞中出现蛋白质贮藏液泡　b. 花后10 d，液泡中积累蛋白质形成体PB₂　c. 花后15 d，蛋白质贮藏液泡周围伴有粗糙内质网　d. 花后10 d，粗糙内质网包裹由其合成的蛋白质，形成PB₁　e. 花后15 d，由内质网包裹形成的PB₁有明显的轮纹结构　f. 花后10 d，淀粉间隙中有多个PB₁　g. 花后15 d，胚乳细胞中同时存在PB₁和PB₂　h. 花后15 d，PB₁和PB₂周围有粗糙内质网粗存在　i. 花后20 d，胚乳细胞内的PB₁和PB₂逐渐增多并相互靠近和融合

　　注：水稻品种为"扬稻6号（籼稻）"。m：线粒体；PB₁：蛋白体1；PB₂：蛋白体2；PSV：蛋白质贮藏液泡；RER：粗糙内质网；W：细胞壁。

6.2 稻米蛋白质成分及其影响因素

用水溶液、盐溶液、酒精溶液以及酸或碱溶液对稻米蛋白质加以溶解，根据其溶解性，稻米贮藏蛋白可以分为清蛋白、醇溶蛋白、谷蛋白和球蛋白四类。

（1）首先用水提取稻米或其不同组分的蛋白质所得到的水溶性组分即为清蛋白，也称为白蛋白（albumin），主要为酶类。

（2）残渣用稀盐溶液提取，即得到盐溶性部分蛋白组分，为球蛋白（globulin）。

（3）再用 75%乙醇提取，得到的组分为醇溶蛋白（prolamine）。

（4）剩余残渣中的蛋白质只能用酸或碱溶解，分别称为酸溶性蛋白和碱溶性蛋白，二者统称为谷蛋白（glutelin）。

四类蛋白质在稻米中的含量如表 6 - 2 所示。谷蛋白和醇溶蛋白系贮藏蛋白，主要分布在胚乳中，是稻米的主要蛋白质成分；而清蛋白、球蛋白含量极少，多为酶活性成分，主要分布在糊粉层，在种子发芽过程中起重要的生理作用。

表 6 - 2 稻米蛋白体的组成、分布及含量（%）

（姚惠源，2004）

稻米各部分	蛋白质	清蛋白	醇溶蛋白	谷蛋白	球蛋白
糙米	7.8	5	4	6	4
胚乳	0.5	6	2	7	3
胚	10.4	7	3	8	2
米糠	12.6	8	1	9	1

稻米蛋白质含量，与品种特性、施肥、土壤、水分管理、生态环境条件等有密切关系。徐庆国等（2015）研究了 45 个籼稻品种的蛋白质含量，认为蛋白质成分存在明显的品种间差异，蛋白质含量的变异系数从大到小依次为球蛋白、醇溶蛋白、清蛋白、谷蛋白。徐富贤等（2018）以杂交中稻品种旌优 127 和 II 优 602 为材料，在 5 个播期和 2 种栽培方式下，研究了品种、栽培方式及气象

因子对稻米蛋白质含量的影响，结果表明，播期、栽培方式及品种对籽粒蛋白质含量均有显著影响，从大到小依次为播期、品种、栽培方式。栽培措施，特别是氮肥对蛋白质含量的调控效应最为明显，后期施用氮肥能够显著增加稻米蛋白质含量（石吕等，2019）。玉置雅彦等（1989）研究发现，齐穗期追施氮肥时，可使稻米的蛋白质含量升高，米饭的咀嚼性也随之升高，米饭的黏滞特性在直链淀粉含量和结合脂质含量差异小时，受蛋白质含量特别是难溶性强的蛋白质影响。

　　高温、干旱胁迫导致籽粒发育不良，但提高了其蛋白质含量（高焕晔等，2012）。同一穗不同粒位间的蛋白质含量也存在明显差异（陈书强等，2015）。

6.3　稻米蛋白质含量、组分及其与稻米食味的关系

　　稻米经烹饪做成米饭后，仍有大量蛋白质颗粒残存在已经糊化的淀粉体缝隙中（图6-2）。松田智明等（1990，1992）研究认为，煮饭后膨胀蛋白质颗粒直径在3/500～1 mm，是人用牙齿不能

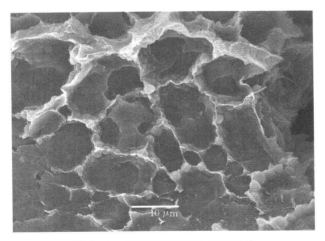

图6-2　米饭中没有糊化的蛋白体

（白色颗粒状物质为蛋白体，背景为已经糊化的淀粉体，品种为秋田小町）

感觉到的大小，所以不可能影响到米饭的食用味道。但这些蛋白质颗粒与难溶解的淀粉体包膜和细胞壁成分（图 6－3）一起阻抑淀粉的糊化。同时，蛋白质颗粒在好吃的米中容易分解，在不好吃的米中容易残留，因此蛋白质影响食味的机理还有待进一步研究。

图 6－3　煮饭过程中饭粒内部没有被分解的淀粉体、淀粉体膜示膨胀的　　　　　淀粉体及其包膜或细胞壁成分

太田久稔等（1994）利用多个不同熟期粳稻材料，连续 3 年进行蛋白质含量与食味感官品尝性状和抽穗期的相关试验，结果表明，不论熟期如何，总体来看，蛋白质含量和最重要的食味官能评价项目中的综合评价及黏度、味道均表现出显著或极显著负相关关系，与硬度表现出显著或极显著正相关关系（表 6－3）。束聪志（1991）认为，蛋白质含量与米饭光泽的关系比直链淀粉含量与米饭光泽的关系更密切，蛋白质含量越低则米饭光泽越强，食味越好。对于不同蛋白质组分，石吕等（2019）认为，籼、粳稻食味值均与球蛋白、醇溶蛋白和谷蛋白显著负相关；与清蛋白（即比例最小的组分）的关系，籼稻呈极显著负相关，而粳稻相关性不显著。张春红等（2010）分析江苏、我国北方及日本共 45 份粳稻材料的蛋白质含量及其组分与食味值的相关性，结果表明，45 个参试品

表 6 - 3　粳稻品种蛋白质含量与食味官能评价及熟期的相关性

（太田久稔等，1994）

试验年份	试验材料	食味官能试验项目						出穗期
		综合评价	外观	气味	味道	黏度	硬度	
1990	全体	−0.313**	−0.095	−0.225**	−0.310**	−0.392**	0.345**	−0.386**
	极早熟—早熟	−0.279*	0.048	−0.125	−0.278*	−0.347**	0.452**	−0.454**
	中熟—晚熟	−0.212	−0.125	−0.196	−0.207	−0.323*	0.118	−0.078
1991	全体	−0.333**	−0.222*	−0.193	−0.331**	−0.436**	0.270**	−0.326**
	极早熟—早熟	−0.174	0.016	−0.097	−0.162	−0.342**	0.225	−0.358**
	中熟—晚熟	−0.220	−0.175	−0.026	−0.178	−0.326**	0.214	0.358**
1992	全体	−0.199*	−0.023	−0.041	−0.195*	−0.217**	0.229**	−0.401**
	极早熟—早熟	−0.163	−0.031	0.023	−0.150	−0.020	0.266*	−0.209
	中熟—晚熟	−0.018	0.167	0.042	−0.016	−0.095	0.300**	−0.166

注：**、*分别为1%、5%水平差异显著。

种中籽粒蛋白质总含量、可溶性蛋白质含量以及清蛋白质含量与食味均呈显著或极显著负相关关系。多元逐步回归分析、进一步的通径分析结果表明，清蛋白质含量对供试粳稻品种食味的影响更大。松江勇次等（1995）则认为，谷蛋白和醇溶蛋白含量低则稻米食味优良。吴洪恺等（2009）利用低谷蛋白含量（low glutelin content，LGC）粳稻品种 W1721 与杂交粳稻恢复系轮回 422 构建的重组自交系群体，在排除脂肪的影响下，比较了基因型 LGCLGC（谷蛋白含量较醇溶蛋白低）与基因型 lgclgc（谷蛋白含量较醇溶蛋白高）在 RVA 谱特征值上的差异，以及同一基因型内总蛋白质含量与淀粉 RVA 谱特征值的关系，结果表明，LGCLGC 型的稻米，总蛋白质含量与崩解值和消减值分别存在显著的负线性回归和正线性回归关系，贡献率分别为 9.86% 和 11.48%；lgclgc 型的稻米，总蛋白质含量与消减值和回复值都存在极显著的负线性回归关系，贡献率分别为 13.41% 和 27.88%。这一结果似乎说明，蛋白质含量高则崩解值低，带来不好的食味。结合前人研究认为，稻米食味品质受谷蛋白相对于醇溶蛋白的含量以及总蛋白质含量的影响大。可见，蛋白质组分与食味的关系可能存在品种特异性，还需要广泛研究。

随着对健康的关注，通过加工手段形成的留胚米已经在市场出现。而留胚与品种的遗传特性有关。与普通大米相比，留胚米不仅蛋白质含量提高（陈恒雪等，2018）。而且氨基酸、维生素、矿物质含量提高（Ma et al.，2020），并且，这种蛋白质主要存在胚中而不是胚乳，因此对米饭食味没有负面影响，对于高食味品种的留胚米，可望形成营养食味兼备类型。

6.4 稻米中的氨基酸及其与稻米食味的关系

水稻颖果吸收的氮素，大部分经由氨基酸最终合成蛋白质，但成熟籽粒中仍含有一部分游离氨基酸。

王永兵（2018）分析了不同食味特点的 10 份粳稻材料氨基酸含量，认为总氨基酸含量在 $50.74 \sim 70.46\ \mu g/g$，其中谷氨酸含量最多。张春红等（2010）认为，糙米籽粒游离氨基酸总量品种间差异较大，变异范围为 $61.47 \sim 310.81\ \mu g/g$，并且，游离氨基酸总量与食味评价综合值极显著负相关。Ma 等（2020）通过分层碾磨发现，氨基酸主要分布于重量比 20% 的糙米表面，并且糠层以下氨基酸含量，特别是苏氨酸、异亮氨酸和色氨酸含量与 RVA 特征值的相关性较高。在味觉方面，表层的必需氨基酸对改善味觉有积极作用，其中异亮氨酸、亮氨酸和苯丙氨酸最显著，其次是缬氨酸、蛋氨酸和色氨酸。建部雅子等（1995）研究认为，糙米的氨基酸含量在出穗后第 10 d，达到 $77 \sim 87\ mmol/kg$，但随后急剧下降，直到收获时，因氮肥施用水平不同而降低到 $5 \sim 10\ mmol/kg$。鲸幸夫等（2008）研究了有机栽培越光糙米的氨基酸含量，认为糙米中含有 20 种以上氨基酸，其中天门冬氨酸与丙氨酸含量较大，并且有机栽培与常规栽培没有区别。

氨基酸含量与稻米食味的关系研究结果存在争议。Ma 等（2020）认为，极低 AAC 品种（AAC 含量＜10%）具有较低的AAC、氨基酸和矿质元素含量，食味值最高，这类品种自表皮起占糙米重 16％～20％层次的 AAC、氨基酸、可溶性糖含量对食味影响最显著。日本学者松崎昭夫等（1992）选用日本九州与北海道、美国加利福尼亚、我国黑龙江与湖南、国际水稻研究所等地的品种，比较米饭食味与米饭溶出的氨基酸含量及成分的关系，发现优良食味粳稻米饭溶出的氨基酸总量小，但谷氨酸、天冬氨酸的比例高，并对食味有正向作用（表 6-4）。

表 6-4 粳稻材料氨基酸含量差异

（王永兵，2018；Ma et al.，2020）

氨基酸	含量（mg/g）												变异系数	t 值
	一目惚	东北194	龙稻16	吉粳81	辽粳294	辽粳9号	辽星1号	盐丰47	盐粳48	秋田小町	平均值	标准差		
Asp	4.78	4.30	5.76	4.34	4.61	4.76	4.84	5.45	4.33	4.83	4.80	0.48	9.98％	0.21
Thr*	1.81	1.55	2.15	1.50	1.64	1.79	1.72	2.04	1.52	1.71	1.74	0.21	12.28％	0.55
Ser	2.71	2.36	4.00	2.34	2.79	2.99	2.67	3.02	2.24	2.60	2.77	0.51	18.21％	1.06
Glu	8.99	8.17	11.35	8.21	8.77	9.60	9.27	10.97	8.53	9.30	9.32	1.08	11.59％	0.05
Gly	2.47	2.23	3.01	2.05	2.98	2.53	2.34	2.62	2.01	2.37	2.46	0.34	13.87％	0.85
Ala	2.94	2.65	3.51	2.65	2.94	2.98	2.90	3.31	2.69	2.95	2.95	0.29	9.85％	0.06
Cys	7.01	4.93	7.17	5.31	6.49	4.89	5.14	5.76	5.21	5.73		0.86	15.05％	2.92
Val*	3.94	4.27	5.70	4.32	5.15	4.34	4.60	4.26	4.33	4.38	4.52	0.52	11.50％	0.85
Met*	0.72	1.15	1.63	1.01	1.26	1.20	1.18	1.01	1.20	1.23	1.16	0.23	19.76％	0.99
Ile*	1.70	1.63	2.15	1.58	1.72	1.79	1.79	2.13	1.64	1.80	1.79	0.20	10.99％	0.19
Leu*	2.95	2.98	4.04	3.01	3.28	3.30	4.15	3.14	3.39	6.06		8.54	140.95％	0.99
Tyr	4.29	4.12	5.87	4.32	4.84	4.21	4.32	4.30	4.07	4.45		0.54	12.12％	2.25
Phe*	3.28	2.90	4.03	2.87	3.28	3.11	3.22	3.76	3.00	3.04	3.25	0.37	11.52％	1.74
Lys*	2.38	2.55	3.23	2.63	2.90	2.58	2.86	2.55	2.54	2.67	2.69	0.24	9.10％	0.28
His	0.88	0.79	1.16	0.73	0.66	0.92	0.92	1.16	0.87	0.89		0.17	19.06％	0.34
Arg	4.55	4.15	5.72	4.33	4.60	4.81	5.35	4.34	4.75	4.70		0.49	10.44％	0.33
ACC	55.41	50.74	70.46	51.11	57.50	55.57	56.28	61.85	51.64	54.90	59.27	10.74	18.11％	0.67
EAA	16.79	17.03	22.92	16.83	18.97	18.08	18.67	19.91	17.38	18.22	21.21	9.00	42.42％	1.67
EAA/ACC	0.30	0.34	0.33	0.33	0.33	0.33	0.33	0.33	0.32	0.33	0.35	0.07	20.04％	2.67

注：* 为必需氨基酸；ACC 为氨基酸总量，EAA 表示 7 种必需氨基酸总含量，EAA/ACC 表示必需氨基酸总量与氨基酸总量比值。

参 考 文 献

陈恒雪，石一涵，吕文彦，等，2018. 稻米留胚率测定方法筛选及留胚米相关特性研究. 沈阳农业大学学报，49（3）：337-341.

陈书强，薛菁芳，潘国君，等，2015. 粳稻粒位间蛋白质及其组分与品质性状间的相关性研究. 中国粮油学报，30（7）：1-6，11.

高焕晔，王三根，宗学凤，等，2012. 灌浆结实期高温干旱复合胁迫对稻米直链淀粉及蛋白质含量的影响. 中国生态农业学报，20（1）：40-47.

石吕，张新月，孙惠艳，等，2019. 不同类型水稻品种稻米蛋白质含量与蒸煮食味品质的关系及后期氮肥的效应. 中国水稻科学，33（6）：541-552.

王永兵，2018. 稻米不同剖层成分含量及镁调控对水稻食味品质的影响. 沈阳：沈阳农业大学：15.

王忠，2015. 水稻的开花与结实. 北京：科学出版社：47-49.

吴洪恺，刘世家，江玲，等，2009. 稻米蛋白质组分及总蛋白质含量与淀粉RVA谱特征值的关系. 中国水稻科学，23（4）：421-426.

徐富贤，周兴兵，刘茂蒋，等，2018. 品种、栽培方式与气象因子对稻米蛋白质含量的影响. 中国稻米，24（4）：45-49.

徐庆国，童浩，胡晋豪，等，2015. 稻米蛋白组分含量的品种差异及其与米质的关系. 湖南农业大学学报（自然科学版），41（1）：7-11.

姚惠源，2004. 稻米深加工. 北京：化学工业出版社：50.

张春红，李金州，田孟祥，等，2010. 不同食味粳稻品种稻米蛋白质相关性状与食味的关系. 江苏农业学报，26（6）：1126-1132.

玉置雅彦，江幡守衛，田代亨，等，1989. 米の品質形成に関する生理・生態学的研究 第1報 穂揃期窒素追肥ならびに登熟温度が米質に及ぼす影響. 日作紀，58（4）：653-658.

鯨幸夫，佐藤美世子，榎本俊樹，等，2008. 有機栽培がコシヒカリの生育，出液および玄米に含まれるアミノ酸含有量に及ぼす影響. 北陸作物学会報，43：5-9.

建部雅子，宮田邦夫，金村徳夫，等，1995. 登熟にともなう玄米の糖・アミノ酸含有率の推移および窒素栄養条件の影響. 日本土壌肥料学雑誌，65（5）：503-513.

松江勇次，小田原孝治，北良松道一，1995. 水稲における1次枝梗と2次枝粳粒のアミロース含有率、アミログラム特性および貯蔵タンパク質の分科の差異．日作紀，64（3）：601 - 606.

松田智明，長南信雄，1990. 炊飯米の微細構造：Ⅲ. 炊飯によって分解しないタンパク顆粒，胚乳細胞壁およびアミロプラスト包膜について．日本作物学会紀事，59（別 1）：276 - 277.

松田智明，原弘道，長南信雄，1992. 炊飯米の微細構造：Ⅸ. 飯構造の発達阻害要因としてのタンパク顆粒，胚乳細胞壁およびアミロプラスト包膜．日本作物学会紀事，61（別 2）：179 - 180.

松崎昭夫，高野哲夫，坂本晴一，1992. 久保山勉食味と穀粒成分および炊飯米のアミノ酸との関係．日作紀，61（4）：561 - 567.

太田久稔，清水博之，三浦清之，等，1994. 水稲品種・系統における食味とタンパク質含量の関係について．北陸作物学会報，29：9 - 11.

東聡志小出道，佐々木行雄，星豊一，1991. 新潟県における水稲品種の品質・食味の向上．第 3 報タンパク質含有率，アミロース含有率および炊飯光沢の品種間差．北陸作物学会報，26：46 - 47.

Ma Z H, Wang Y B, Cheng H T, et al. , 2020. Biochemical composition distribution in different grain layers is associated with the edible quality of rice cultivars. Food Chemistry, 311：125896.

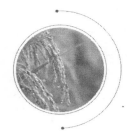

第 7 章
稻米中无机元素含量与食味

从原产地和分布来看，大体上，籼稻在亚洲热带地区种植，而粳稻则在亚洲温带地区栽培。籼稻做饭得到的米汤有一种刺激喉咙的淡淡的苦涩味（类似于虾的味道），所以籼稻称为"涩柿"。这种味道产生的原因并不清楚，可能在热带地区对于防止害虫、病原菌的发生有特殊效果。与此相对，产于温带地区的粳稻，米饭表面黏软，而有淡淡的甜味，所以称为"甜柿"（农山渔村文化协会，1991）。粳稻这种味道的产生可能与其中所含的 N 等无机元素有关。

7.1　粳稻中的无机元素含量与分布

稻米中含有从土壤中吸收的 N 及其他无机元素，其含量范围参考表 7-1，这些元素含量在糙米的不同部位存在差异。总体上，对于食用的精米来说，表层含量较多，自表层向内逐渐降低（表 7-2）。随着种植年代的推移，稻米中无机元素含量由于育种选择、栽培技术和生产要求的变化而变化。Zhang 等（2018）研究了近 60 年来，江苏省在水稻生产中应用的 12 个典型品种的无机元素含量，发现随着品种的改良，籽粒中全氮含量逐渐降低，全磷、全钾和全镁含量增加。稻米无机元素含量在不同籽粒着生位置也存在差异。Su 等（2014）研究了 6 个粳稻品种无机元素含量在粒位上的分布，认为无论水稻基因型如何，位于主轴和顶轴上的重粒通常比位于次轴和底轴上的轻粒具有较高的矿物浓度。也许通过基因型选择可以改变籽粒的无机元素含量。

表 7-1　日本糙米的无机元素含量

（农山渔村文化协会，1991）

无机元素	平均值	变异范围	优良食味米条件
N（%）	1.35	1.00～1.85	1.29%以下
P（%）	0.34	0.28～0.40	0.35%附近
K（%）	0.27	0.23～0.32	0.25%附近
Mg（%）	0.12	0.10～0.15	0.13%附近
Ca（%）	0.009	0.006～0.013	0.008%附近
Mn（%）	0.003	0.002～0.006	0.002 5%附近
Mg/K（化学当量比）	1.5	1.25～1.85	1.60以上

表 7-2　无机元素在粒内不同层次的分布比例（%）

（以糠层为基准，石谷孝佑等，1995）

糙米中的层次	P	K	Mg	Ca	Mn	Fe	Si
胚芽	100	102	67	78	91	56	41
100～98.5（糠）	100	100	100	100	100	100	100
98.5～97	109	108	111	98	90	100	66
97.0～95.5	117	108	112	90	81	79	49
95.5～94.0	108	95	100	76	58	76	34
94.0～92.5	100	81	83	61	40	54	24
92.5～91.0	82	61	65	41	29	46	17
91.0～88.0	42	39	40	35	18	29	13
88.0～85.0	20	19	19	23	11	23	10
85.0～82.0	12	10	10	14	7	16	—
82.0～胚乳	2.2	1.9	0.8	6.6	2.9	2.0	0.6

7.2　粳稻中无机元素含量与食味的关联

掘野俊朗总结不同食味特点糙米中无机元素含量及其与稻米食

味的对应关系，得到表 7-3 的结果。可见，无机元素参与稻米食味形成。同时，精米表层的氨基酸含量（图 7-1）、单糖含量（图 7-2）也较多，因而这一层往往呈现出稻米特有的味道，所以将稻米表层

表 7-3　不同食味特点糙米 N 等无机元素含量

（农山渔村文化协会，1991）

糙米	含量（%）					Mg/K
	N	P	K	Mg	Ca	（化学当量比）
优良食味米	1.2	0.34	0.25	0.135	0.008	1.75
普通米	1.3	0.34	0.27	0.125	0.010	1.50
不良食味米	1.5	0.34	0.30	0.115	0.012	1.25

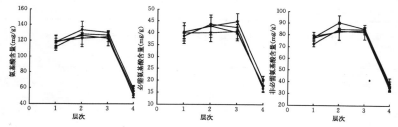

图 7-1　粳稻品种各层次氨基酸含量

（Ma et al.，2020）

➤极低AAC　■日本品种　▲东北品种　×高产品种

注：极低 AAC 品种直链淀粉含量在 6%～8%；日本品种包括一目惚和秋田小町，食味优良；东北品种包括盐粳 48、龙稻 16，食味优良；高产品种包括辽星 1 等共 14 个品种平均值。1997 年在沈阳种植。1、2、3、4 层分别指自糙米表面的 0%～10%、11%～15%、16%～20%、21%～100%。

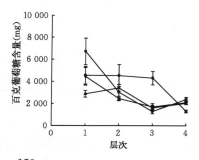
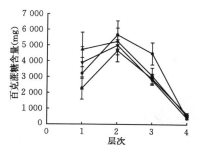

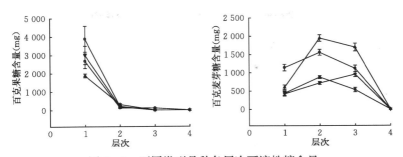

图 7 - 2　不同类型品种各层次可溶性糖含量

(Ma et al.，2020)

——极低 AAC　——日本品种　——东北品种　——高产品种

注：极低 AAC 品种直链淀粉含量在 6％～8％；日本品种包括一目惚和秋田小町，食味优良；东北品种包括盐粳 48、龙稻 16，食味优良；高产品种包括辽星 1 等。1997 年在沈阳种植。1、2、3、4 层分别指自糙米表面的 0％～10％、11％～15％、16％～20％、21％～100％。

称为"呈味层"。综合上述研究可知，稻米食味与无机元素存在密切关系，尤其是其呈味层中的无机元素，但不同元素作用的方向和大小存在差异。

7.2.1　N 与稻米食味

稻米中，N 含量过多则粗蛋白含量多，直接导致稻米食味变差。有研究表明，糙米中 N 超过 1.3％（粗蛋白含量为 N 含量 × 5.95），食味就开始变低，超过 1.5％ 的话，大多数人都会觉得食味不良。稻米中 N 含量与施肥，尤其是后期穗肥、粒肥的施用有密切关系。如果出穗前后 2 周内施用 N 肥会使稻米中的 N 含量显著提高。所以为兼顾食味和提高产量，穗肥施用应在抽穗前 20 d 施用，不施或极少量施用粒肥可能是一个好的策略。当然，随着长效复合肥的推广，可能穗肥施用会逐渐减少，直至取消。

为合理控制过多 N 肥，可以根据品种的叶色表现决定是否施用 N 肥。N 肥较多叶色呈现浓绿或深绿，N 肥较少叶色则呈现为黄绿，这是优良食味大米的叶色特征。日本 JR 推荐，像绿皮火车一样的黄绿色是优良食味水稻的最佳叶色。

N 除影响蛋白质含量外，对淀粉的积累也有影响。N 调控产量的形成，归根结底就是促进淀粉的积累。因此，在实现稻米优良食味的同时，如何通过 N 肥调控，实现高产优良食味并进还值得斟酌。

7.2.2　K 与稻米食味

K 含量高，则稻米食味降低。K 与食味的关系如前述（表 7 - 3），这已经得到统计学的确认。品种的 K 含量与品种特性有密切关系。一般高产品种 K 含量高，K 含量高则米饭的黏性、弹性弱，味道也比较薄；并且高温灌浆的品种伴随直链淀粉含量降低，K 含量升高。一些饲料作物施用碱性肥料则 K 含量高，但在水稻中还没有发现。

7.2.3　P 与稻米食味

P 与稻米食味的关系还没有得到统计学的证据。用化学吸收当量表示存在 $P=Mg+K$，因此 Mg 多的水稻 P 多，K 多的水稻 P 也比较多。但 P 在促进淀粉合成的磷酸化过程中可能起到重要作用。

7.2.4　Mg 与稻米食味

Mg 是增加稻米食味的主要矿质元素，其含量主要受品种特性决定。日本学者研究认为，日本在第二次世界大战之前的水稻品种、日本晴、越光系统的 Mg 含量基本是 0.11%、0.12%、0.13%。据此推测，与食味直接关联的 Mg 只有 0.02%，这些 Mg 主要存在于白米的表层。

葡糖糖磷酸化之后，形成含蔗糖等具有强烈甜味的有机成分复合体。这些成分可能在成熟后仍然有一部分驻留在胚乳中，这可能与 Mg 参与淀粉合成过程有关。经验上，Mg 含量多则饭的味、黏度、弹力都增多，但 K 含量增多，则效果打折了。并且，一般 Mn 含量和稻米食味呈负相关性，这是由于 Mg 不足时 Mn 代替了 Mg，Mn 含量多了，Mg 含量就少了。

同时，Mg 也是叶绿素的中心，在光合作用中起到重要作用。因此，合理施用 Mg 肥对于提高食味、增进产量可能起到重要作用。

7.2.5　Mg/K 与稻米食味

如表 7-1 所示，糙米的 Mg/K ［（化学当量比＝Mg 含量/12.16)/(K 含量/39.1)］大约在 1.25～1.85。不同食味品种的这个值有明显区别，一般优良食味品种在 1.60 以上，以越光为代表的日本优良食味品种在 1.75 左右，而且这个值是相对稳定的。Mg/K 与食味的关系，比前述的 Mg、K 含量更加明确，比例大的水稻称为 Mg 型稻，但一般籼稻的 Mg/K 比粳稻高大约 0.2%，所以不存在这种现象。

考虑到 N 对稻米食味的影响，利用 Mg/K 与 N 的多元回归关系说明食味可能更有效。冈本正弘等（1992）通过两年的研究得出，食味综合评价值与 Mg/K·N 呈线性回归关系，这个值高则食味高。

7.2.6　Si 与稻米食味

Si 本身并不直接参与食味的形成，但对于维持植物体光合能力、增进灌浆具有重要意义，因此 Si 可间接提高稻米食味。

水稻是喜 Si 作物，比起 N、P、K 三要素，水稻吸 Si 量大约高 10 倍。通常每 667 m^2 高产水稻一个生长季可从土壤中吸收带走硅 (SiO_2) 75～130 kg（陈平平，1998）。这比水稻一生吸收 N、P 的总和还要多。Si 对水稻来说，有 4 方面的作用：①提高光合能力；②增进根的酸化力；③强化对稻瘟病的抵抗力；④提高抗倒伏性。集成这些作用，最终 Si 在促进灌浆方面起到很好的作用。

（1）提高光合能力　一般作物的光合作用在 10:00—14:00 进行，但在夏天由于中午气温高，空气湿度小，使得下午叶片失水、吸收 CO_2 能力减弱，因此下午的光合作用较弱，称之为午睡现象。设法减少午睡现象，就能提高光合能力。安藤丰等（1997）比较了施用硅素后水稻的午睡现象发现，施用硅素的水稻上午的光合速率高，而下午光合速率降低得少，这是由于叶片中水分保持的量多，单叶的光合能力提高。据此，在抽穗期至成熟期，硅素施用区比不施用区可以增产 8%，并且蛋白质含量减少。

（2）促进群落的光合能力　为了使群体光合能力提高，保证叶片直立，光能够很好到达下位叶非常重要，通过施用硅肥能够起到这样的效果。由于整体光合能力提高，粒数、粒重都提高，从而增产可达 6%～8%。

（3）防止下位叶老化　施用硅素明显使下位叶老化速度降低。下位叶叶身直立性增强，水分保持能力提高，从而提高光合能力。

综上所述，针对影响稻米食味的无机元素，通过降低氮素、调控 Mg/K、增施硅肥就能进一步提高稻米食味，有关内容在栽培部分详细介绍。

参 考 文 献

陈平平，1998. 硅在水稻生活中的作用. 生物学通报，33（8）：5 - 7.

安藤豊，藤井弘志，横山克至，等，1997. 産米の食味向上に関する、第 8 報ケイ酸施用と精米の蛋白質含有率について. 土肥要旨種，43：353.

农山渔村文化协会，1991. 稻作大百科. 东京都港区赤坂 7 - 6 - 1：农山渔村文化协会：370 - 374.

岡本正弘，堀野俊郎，坂井，1992. 玄米の窒素およびMg/K 比と炊飯米の黏り値との関係. 育雜，42：595 - 603.

石谷孝佑，大坪研一，1995. 米の科学. 东京都新宿区新小川町 66 - 29：朝仓书店：35.

Ma Z H, Wang Y B, Cheng H T, et al. , 2020. Biochemical composition distribution in different grain layers is associated with the edible quality of rice cultivars. Food Chemistry, 311：125896.

Su D, Sultan F, Zhao N C, et al. , 2014. Positional variation in grain mineral nutrients within a rice panicle and its relation to phytic acid concentration. Zhejiang Univ. - Sci. Biomed. & Biotechnol. , 15（11）：986 - 996.

Zhang H, Yu C, Hou D P, et al. , 2018. Changes in mineral elements and starch quality of grains during the improvement of japonica. rice cultivars. J. Sci. Food Agric. , 98：122 - 133.

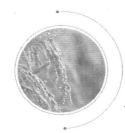

第8章
稻米外观品质概述

在我国，稻米外观品质测定一般以精米为对象，较少涉及糙米。所以，稻米外观是指精米外观。主要指标包括① 粒形（shape），通常以整米的长度/宽度表示，＞3.0 者称细长形（slender），＜2.0 者称粗短形（bold），2.0～3.0 之间则称椭圆形或中长形。一般籼稻粒形偏长，粳稻粒形偏短。但是在粳稻育种中，由于具有细长籼型粒形而食味优良的稻花香的育成，逐渐引导粳稻品质向偏长（大于 5 mm）、长宽比偏大（大于 2.0）的方向发展。②垩白率（chalkiness,％），一般指整米的垩白面积（包括背白、腹白、心白等）占米粒纵剖面积的比率，但有时也表示米粒中垩白米粒的比率。我国一般将两项乘积综合为垩白度。③ 透明度（translucency），指整米在电光透视下的晶亮程度，垩白区是不透明的。

日本以糙米为评价对象，进行外观品质测定。日本粮食厅、精米工业会等根据糙米的外在特点，将糙米分为整粒、未熟粒、着色粒、死米等（日本精米工业会等，2002）。不同外观品质糙米经过机械加工，形成品质各异的精米。因此，糙米的外观可能对精米外观有决定作用。所以本章参考日本的相关研究，首先简述糙米品质，然后重点围绕垩白介绍精米外观品质。

8.1 依据外观特征的糙米种类

8.1.1 未熟粒

未熟粒是指没有达到充分成熟、胚乳全部或部分充实不良的籽粒（图 8-1）。充分充实的籽粒胚乳部分变成透明状，未达到成熟程度的米粒则胚乳部分变成白色不透明。未熟粒共有以下 6 种。

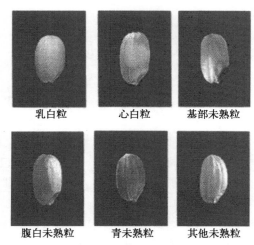

乳白粒　　　　心白粒　　　　基部未熟粒

腹白未熟粒　　青未熟粒　　　其他未熟粒

图 8-1　未熟粒的种类

（日本精米工业会等，2002）

（1）乳白粒　典型的乳白粒，其米粒全呈乳白色。其不透明部分处于胚乳内部，占粒平面面积的 1/2 以上，周围被充实良好的半透明胚乳包围。乳白粒粒面富有光泽而与死米有明显区别。有的乳白粒不透明部分偏于腹侧，看上去类似腹白米；但其半透明部分与白色部分的界限与腹白米不同，即表现不明显。

（2）心白粒　胚乳中心有平板状的不透明部分，并且不透明部分占粒平面的 1/2 以上。心白粒与腹白未熟粒都属于品种特性，但其在粒上占的部分极大时则作为未熟粒。心白（或腹白）都是淀粉积累时相应部位较疏松而形成的。具有心白的糙米外观不良，一般食味也降低。但是，如果作为酒米，因为更容易吸水，心白则是一个好的性状。

（3）基部未熟粒　在灌浆过程中，最后充实的是籽粒的基部（有胚部分）。如在米粒成熟的终期遇到低温、风害、倒伏等生育障害，基部淀粉积累受阻而形成基部未熟粒。基部未熟粒白色不透明部分占粒长的 1/5 以上。

（4）腹白（背白）未熟粒　在腹部有占粒长 2/3 以上、粒宽 1/3 以上的白色不透明部分。背白未熟粒也按此标准加以甄别。一般腹白米容易在籽粒较宽、腹部发达的品种类型中产生。

（5）青未熟粒　绿色浓、粒形不良，又不饱满。一般成熟越不充分，绿色越浓，纵沟越深。如果绿色较浓，即使有较好的粒形也作为未熟粒。一般米粒无一定厚度而扭曲。米粒仅稍带扭曲，宽度与厚度及饱满度均好的，仍以整米粒看待。

（6）其他未熟粒　其他未达到应有成熟程度的米粒，形状各异，如有未成熟的扁平米、纵沟深的米、纵向条纹突出和果皮厚的米等。

由于乳白粒等对稻米品质影响较大，所以日本学者有较详细研究，详见本章第 3 节。

8.1.2　受害粒

由于某种生育障碍而使粒形变异以及灌浆过程中或其后米粒受损伤的都称为受害粒（图 8-2）。包括以下几种类型：

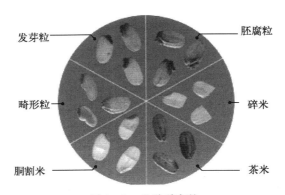

图 8-2　几种受害粒

（日本精米工业会等，2002）

（1）畸形粒　包括①胴切粒，米的一侧（多在腹侧）有超过粒宽 1/4 以上的凹缢，我国称为蜂腰米。凹缢深的蜂腰米在碾精时凹缢部的米糠不能被除尽，也容易形成碎米，从而降低米质；凹缢轻微的米则作为整米粒对待。②扭曲粒，米粒无一定厚度而扭曲。米粒仅稍带扭曲，宽度与厚度及饱满度均好的，仍以整米粒看待。③其他畸形粒，如尖部细、外形不整等，此种米在碾精时常变成糠而降低精米率。灌浆过程遇连续阴雨时易发生，这种米粒在碾米时易碎，贮藏时易霉变。但如果米的胚部已发黑而胚乳仍看不出变质的早期发芽粒，仍作为整米粒看待。

（2）碎米　米粒破碎，不拘其程度大小均为碎米。一般是由脱粒或砻谷时受机械冲击或挤压造成。碎米的贮藏性差，碾米时易变成糠，同时降低出米率和精米品质。

（3）茶米（锈米）　米粒全表面作茶色或锈色或有斑点，系稻米在发育过程中果皮感染菌类而着色，着色最浓的部分是果皮较下层的横细胞层。茶米若胚乳部未着色则碾精后与一般精米无差别，但一般多不饱满、米粒沟部的糠难以除去，使米色发暗。混有茶米后出米率降低。茶米一般在弱势颖花上发生，开花时遇下雨形成闭花受精，使花药残留于谷壳中时易发生。

（4）胴割米（裂纹）　米粒有纵向或横向裂纹。裂纹米在碾精时易形成碎米而使精米率和食味下降。米粒上只有微微一道横纹而在碾米时破碎很少的仍作为整米处理。米粒在成熟后，其中的水分通过逐个细胞向粒外扩散，且最易被胚四周的细胞吸收，其次是米粒四周的细胞，但向米粒内部扩散的水分则移动相当慢。因此，在急骤的吸水和干燥过程中，米粒内水分状态不均匀而产生裂纹。裂纹米包括具有横向贯通的裂纹、虽没横向贯通但因有两条以上裂纹而将米粒分成明显的两部分的米粒以及龟裂米。

（5）胚腐粒或发芽粒　多是生育后期发生倒伏或在收获后受雨水浸泡造成。

8.1.3　着色粒

由于虫、温度、细菌等原因，米粒表面全部或某一部产生黄、褐、黑等颜色，并且采用通常的碾精办法不能除掉。其产生原因为胚乳部受菌类、稻蟓或线虫等伤害（图 8 - 3）。

图 8 - 3　着色粒

（日本精米工业会等，2002）

注：自左至右分别为由于发酵、稻干尖线虫、椿象、细菌危害而形成的着色粒。

8.1.4　死米

生育中途生育停顿的米，多发生于弱势颖花上。当单位面积小穗数过多和灌浆成熟不良，或发生倒伏影响正常灌浆时常易发生死米。死米大部分外观不透明、无光泽，有的虽较饱满，其长和宽也相当好，但厚度变小。死米按表面叶绿素的褪色程度有白死米和绿死米之分。死米不同于乳白粒，死米表面没有光泽而乳白粒有光泽。死米大部分为粉质，碾精时成为糠或碎米，使出米率和品质都降低。在糙米的清理调制时，死米常被当作秕粒和屑米除去，因此混入精米中的是极少数。

8.1.5　整米粒

除去上述 4 种米粒，没有其他大的损害而具有品种固有的形状、色泽，且灌浆成熟良好的米粒统称整米粒。程度极轻的未熟粒及受害粒，也归入整米粒。整米粒又分为以下 4 种类型。

（1）完全粒　即外观上无不透明的腹白或心白等，粒形较完整的半透明粒。小粒或长粒的水稻品种完全粒较多；而大粒品种则因易产生垩白在大多数场合下完全粒少。在同一种精糙米中所分出的完全粒，一般比垩白粒的千粒重低。

（2）心白粒　米粒中部呈白色不透明，为品种特性。这种籽粒从背部至腹部的径线上的胚乳细胞变为扁平，淀粉充实不良形成不透明，而其外围四周则充实良好。心白粒在碾精时无破碎。心白米易吸水以及对酵母菌的繁殖均有利，故心白粒多的大粒米多用于酿造；但用作米饭则因其外观和食味等原因被认为品质不良。

（3）腹白粒　米粒腹部有垩白，区别于心白粒或乳白粒，垩白部与半透明部界限清晰，常表现为品种特征。腹白粒是与糊粉层相连接的数层胚乳细胞淀粉积累不良，淀粉粒间有空隙所致。腹白粒在碾成精米后外观不良，不引人喜爱；而在粒质上可认为与完全粒不相上下。腹白粒在一穗上容易形成大粒的位置上易于发生，强势颖花比弱势颖花发生得多，一般其籽粒大于完全粒，且大多完整，而腹白大的可归为腹白粒中的未熟粒。

（4）青米　糙米的果皮中残留叶绿素而呈绿色的米，称为青米。在收割早或倒伏后灌浆迟的情况下常发生，一般米粒随着灌浆成熟的进展会褪去绿色。有时为了提高食味品质而采取早割，这时宁愿增加青米。

青米发生率多的部位常在穗的下部枝梗或二次枝梗的籽粒上，以及弱势颖花开花灌浆迟的籽粒上。除早割和倒伏外，施肥过多形成贪青也易发生青米。一般青米的光泽好、黏性强，食味良好，从品质上看是受人欢迎的。青米碾精后其绿色可除去。青米中绿色浓且饱满度差的则为未成熟青米。

8.2　依据外观特征的精米种类

上述各种糙米经碾精过程后形成的产物并不同（图 8 - 4），除整米加工后全部变为正常的整精米粒外，其他糙米加工后分别会形成精米中的碎米、着色粒、受害粒和粉质粒等，下面分别加以介绍。

8.2.1　粉质粒

粉质粒指粉质或者半粉质的米粒，又包括下列 3 种。

（1）粉质粒　粉质部分超过粒平面的 1/2 以上（图 8 - 5）。

（2）腹（背）白粒　粉质部分超过粒长的 2/3、粒宽的 1/3 以上（图 8 - 6）。

（3）心白粒　粉质部分超过粒平面的 1/2 以上（图 8 - 7）。

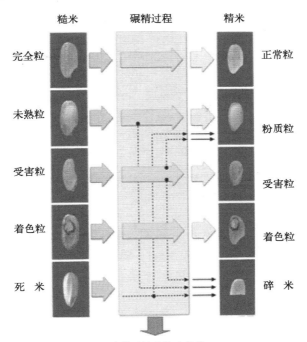

图 8-4　糙米与精米的关系

（日本精米工业会等，2002）

图 8-5　粉质与粉质粒

（日本精米工业会等，2002）

注：左侧的 3 个粒粉质面积超过 1/2，作为粉质粒对待，第 4、5 粒粉质面积较小不作为粉质粒，最后一粒表示粉质面积超过 1/2 的状态。

可见，上述日本精米工业会对粉质粒的划分主要是根据粉质面积来划分的。这与我国稻米品质测定中仅根据粉质面积的有无而界

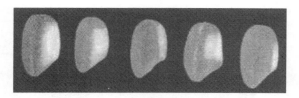

图 8-6　腹白与腹白粒

（日本精米工业会等，2002）

注：左侧两粒腹白较大，视为腹白粒；右侧三粒腹白较小，不视为腹白粒。

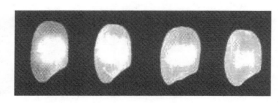

图 8-7　心白与心白粒

（日本精米工业会等，2002）

注：左侧两粒心白较大，视为心白粒；右侧两粒心白较小，不视为心白粒。

定出垩白粒和非垩白粒是有区别的。

8.2.2　受害粒

受害粒主要包括以下两类（图 8-8）。

图 8-8　受害粒

（日本精米工业会等，2002）

注：左侧三粒是由于损伤而形成的，右侧三粒是由于糙米畸形而形成的。

（1）由于受到污染或损伤而形成，如虫、温度、霉菌、细菌等的危害。

（2）由于糙米畸形，粒的一部分残留糠层。

此外，受害粒包括那些有受害特征的粉质粒和碎粒。

8.2.3　着色粒

由于虫、温度、霉菌、细菌等的危害，粒表面全部呈现黄、褐、黑等颜色，或者虽一部分呈现颜色但是颜色较重（图8-9）。

图8-9　着色粒

（日本精米工业会等，2002）

注：自左至右分别为由于发酵、稻干尖线虫、椿象危害而形成的着色粒，第4、5粒分别是收获当年与1年后的稻干尖线虫危害粒。

8.2.4　其他粒

其他粒包括以下几种。

（1）碎米　粒的大小只有完全粒的1/4～2/3。

（2）异品种粒　除去精米，其他作物的谷粒。

（3）异物　包括未满完全粒的1/4小碎粒和糠、杂物等垃圾。

8.2.5　正常粒

除去上述各种成分，米粒完整或者具有与完整米粒相近的形状，整个米粒具有透明感，充实良好的米粒称为正常粒。

8.3　垩白的发生与分类

一些日本学者研究认为，稻谷脱壳后得到的无病完整糙米中，包含充分成熟的完全米和没有充分成熟的不完全米，不完全米又包括背白粒、基白粒、乳白粒（图8-10）。乳白粒横切在中间，基白粒横切在临近侧边面，可见白色不透明部分（图8-11）。乳白粒根据切面白色部分的形态，又分为白色仅在中心的C型和白色呈现为自背部向腹部伸展的环状R型（图8-12）。对于C型和R

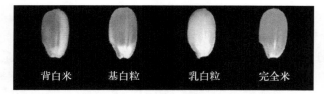

图 8-10　糙米中的完全米和背白粒、基白粒、乳白粒

（田畑美奈子等，2005）

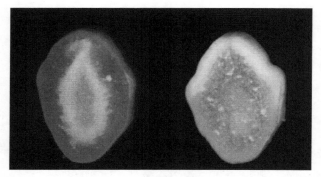

图 8-11　乳白粒及其中心的横断面和背白粒及其中心的横断面

（森田敏，2005）

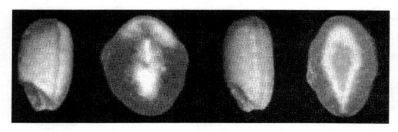

图 8-12　中心（C）型乳白粒（左）和环（R）型乳白粒（右）

（井上裕纪等，2012）

型乳白粒，又可根据乳白的程度进行更精细的划分（图 8-13）。不完全米在做饭时易碎，因而外食业者往往不选择该类大米。

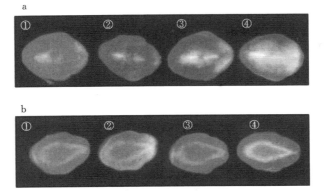

图 8 - 13 乳白粒横断面的详细模式

（塚口直史，2012）

a. R 型乳白粒自腹部产生，向背部扩大，白浊的厚度不断增加，③表示大约白浊厚度在粒厚的 1/3 以上，大于这个程度的，就是中心型乳白粒 b. C 型乳白粒，环自④到①逐渐减少（数字越大乳白程度越大），但能够辨识，成为 C 型乳白粒

一般而言，除一些受遗传控制的大垩白品种外，高温是产生垩白的主要原因。这是由于高温灌浆使得淀粉粒发育不充分，形成圆球形淀粉粒或淀粉粒处于较早期、较小的发育阶段，从而造成淀粉积累疏松，形成对光的反射和折射（图 8 - 14）。这些籽粒统称为白未熟粒。

不论是乳白粒还是基白粒、背（腹）白粒，都是由于灌浆过程发生胚乳的白浊化。关于灌浆期温度与籽粒白浊化的关系，Tashiro 等（1991）认为，出穗后 7 d 内日平均气温为 24 ℃时心白粒发生很少，达到 27 ℃时开始发生背白粒和乳白粒，30 ℃、33 ℃、36 ℃分别开始多发背白粒、乳白粒、死米。若松谦一等（2008）认为，出穗后 20 d 期间的日平均气温达到 27～28 ℃以上，背白·基白粒比例急剧增加。并且与乳白米相比，背白米的厚度高、蛋白质含量低，因此高温影响相对小，并认为从糙米角度看，最适灌浆温度为 24 ℃。森田敏（2005）以越光为试材，在日本东北到九州的 15 个试验点进行联络试验，发现出穗后 20 d 期间的日平均气温

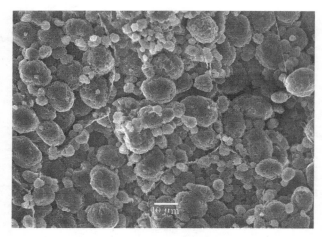

图 8-14　高温灌浆时的淀粉粒形态

注：淀粉整体呈现圆球形而不是多边形；大的淀粉体上有小孔，这是淀粉被分解的特征；存在较小、纺锤形的异型淀粉体。图中丝状物为细胞壁。

超过 23~24 ℃时白未熟粒开始上升，超过 27 ℃多地白未熟粒都超过 20%。因此，一般来说，出穗后 20 d 期间的平均温度 26~27 ℃是白未熟粒增加的阈值（图 8-14）。

Li 等（2014）克隆到一个控制稻米垩白的主效 QTL Chalk5 基因。Chalk5 编码一种液泡型 H^+ 移位焦磷酸酶（V-PPase），具有无机焦磷酸（PPi）水解和 H^+ 移位活性。Chalk5 的表达升高推测是通过干扰种子发育过程中胚乳膜转运系统的 pH 稳态，从而增加了胚乳的垩白度，并影响蛋白体的生物发生，同时伴随着小囊泡样结构的大量增加（图 8-15）。Chalk5 基因往往与粒宽基因 GS5 和粒重基因 GW5 相耦合，更容易产生垩白。

那么灌浆期间的高温可能来自于高夜温，也可能来自高日温，哪个影响大？目前还存在争论。近藤始彦等（2006）认为，最高夜温比最高气温和平均气温对白未熟粒的影响大；饭田幸彦等（2002）设定终日 22 ℃的最适灌浆条件分别比较高昼温（昼 34 ℃/夜 22 ℃）和高夜温（昼 22 ℃/夜 34 ℃）处理对糙米外观的影响，

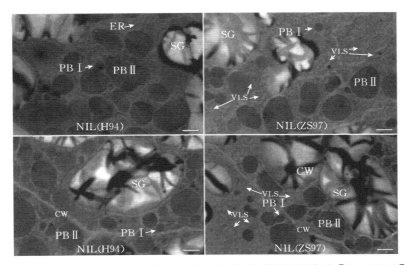

图8-15 花后14 d（上）和花后20 d（下）Chalk5转基因垩白系［NIL（H94）］
与非垩白系［NIL（ZS97）］胚乳细胞的超微结构比较

注：与NIL（H94）胚乳细胞相比，NIL（ZS97）显著减少了PB I 和PB II 蛋白体的数量，大量的NIL的白垩质胚乳的细胞内淀粉颗粒和蛋白体之间积累了小的多边形环或囊泡样或液泡样结构。SG：淀粉粒，ER：内质网，CW：细胞壁，VLS：囊泡样或液泡样结构。

发现高夜温和高昼温都使糙米透明度降低，但高夜温影响更大。但一些研究认为，二者都与白未熟粒有密切关系。这可能是由于夜温的影响同时与日照条件有关。

高温产生影响的一个原因是破坏了源库关系的平衡。若松谦一等（2008）发现，出穗后日平均温度在28 ℃以下，由于氮素增加背白米的发生有减少的趋势。背白米的发生和糙米蛋白质含量之间呈负相关关系，糙米蛋白质含量下降到6％以下，背白米发生率降低，但糙米蛋白质含量超过7％则食味低下，因此为兼顾外观与食味应将蛋白质含量控制在6.0％～7.0％。但一些品种高温灌浆特性弱，此时增加氮肥用量对背白发生的减轻作用较低。小葉田亨等（2004）通过齐穗后割株的方法降低栽培密度从而提高单位面积颖花数的营养面积，结果发现，高温使籽粒充实度降低，但通过灌浆期割掉部分植株的方法，降低植株密度，会使籽粒充实度大幅增加，乳白米比例降低。

高温的影响也与日照强度有关。若松谦一等（2009）通过人工遮光与气候室相结合，研究高温、日照强度、湿度与糙米外观的关系，发现背白米在高温条件下多发，但通过遮光处理能够减少，相反乳白米却增加了。高温条件下，日照强度越大，并且湿度越大，背白米越多发。高温条件下穗表面湿度越大，并且日照强度越高，与背白米发生比例显示相同趋势。这说明，穗表面温度与背白米密切相关，而穗温除与气温相关外，还与辐射量、湿度密切相关。另外，乳白米的发生，低辐射量比高温的影响更大，穗数有进一步增长趋势。

参 考 文 献

飯田幸彦，横田国夫，桐原俊明，等，2002. 温室と高温年の圃場で栽培した水稲における玄米品質低下程度の比較. 日作紀，71：174-177.

井上裕紀，北恵利佳，山村達也，等，2012. 胚乳割断面の白濁パターン別の水稲乳白粒発生にたいする温度と剪葉の影響. 北陸作物学会報，47：44-46.

近藤始彦，森田敏，長田健二，等，2006. 水稲の乳白粒・基白粒発生と登熟気温および玄米タンパク含有率との関係. 日作紀，75（別2）：14-15.

日本精米工業会，株式会社 kett 科学研究所，2002. Rice meseum ライスミュージアム お米の品質評価テキスト. 日本東京大田区：ケット科学研究所：4-26.

若松謙一，佐々木修，上薗一郎，等，2008. 水稲登熟期の高温条件下における背白米の発生に及ぼす窒素施肥量の影響. 日作紀（Jpn. J. Crop Sci.），77（4）：424-433.

若松謙一，佐々木修，上薗一郎，等，2009. 暖地水稲における高温登熟条件下の日射量および湿度が玄米品質に及ぼす影響. 日作紀（Jpn. J. Crop Sci.），78（4）：476-482.

小葉田亨，植向直哉，稲村達也，等，2004. 子実への同化産物供給不足による高温下の乳白米発生，日本作物学会紀事 . 日作紀（Jpn. J. Crop Sci.），73（3）：315 - 322.

森田敏，2005. 水稲の登熟期の高温によって発生する白未熟粒，充実不足および粒重低下 . 農業技術，60：442 - 446.

田畑美奈子，飯田幸彦，大澤良，2005. 水稲の登熟期の高温条件下における背白米および基白米発生率の遺伝解析 . 育種学研究，7：9 - 15.

塚口直史，山村達也，井上裕則，等，2012. コシヒカリにおける胚乳割断面の白濁タイプが異なる乳白粒発生率の登熟温度および炭水化物供給に対する反応性 . 日作紀（Jpn. J. Crop Sci.），81（3）：267 - 274.

Li Y B，Fan C C，Xing Y Z，et al.，2014. Chalk5 encodes a vacuolar H＋-translocating pyrophosphatase influencing grain chalkiness in rice. Nat. Genet.，46：398 - 404.

Tashiro T，Wardlaw I F，1991. The effect of high temperature on kernel dimensions and the type and occurrence of kernel damage in rice. Aust. J. Agric. Res.，42：485 - 496.

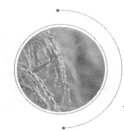

第 9 章
灌浆期间气温与稻米外观及食味

作物的表型是基因型与环境共同作用的结果，因此稻米食味与外观也概莫能外。在自然环境因素中，温度的影响最显著和普遍，特别是在全球气候变暖的背景下。温度的影响主要是稻谷灌浆期间的高温影响，灌浆阶段的障碍型冷害也对稻米外观、食味产生较大影响。在第 8 章中已经叙述了高温对垩白的影响状况。高温不仅影响稻米外观，而且依次通过影响籽粒充实度、糙米外观、淀粉粒积累模式及淀粉成分构成而最终影响稻米食味。由于籽粒充实不良，籽粒整体上会出现扁平、纵沟加深、糠层变厚，使得碾磨时整米率降低，食用时食味降低。

9.1 高温对稻米食味关联性状的影响结果

高温对稻米食味品质的影响，是多方面的。

9.1.1 高温对淀粉体形态影响

正常灌浆形成的籽粒，胚乳细胞被由单个淀粉体组成的复合淀粉粒填满。复合淀粉粒密集排列，呈多角形。高温会使淀粉体从增殖过程到最终排列方式发生变化。Takahashi 等（2000）发现，高温处理（32 ℃）时，水稻胚乳的淀粉体表面出现似乎 2 次增殖的小型突起以及像胶囊状的长径 2～3 μm 的小型淀粉体等异型淀粉体；并且，淀粉的焓值升高，意味着淀粉之间的空隙加大。Iwasawa 等（2001）、Ma 等（2017）也观察到类似的异常增值现象，并且在部分胚乳中出现胚乳发育不充分、淀粉体表面出现缺刻等现象

（图 9-1）。据研究，淀粉体表面出现的缺刻是高温时淀粉分解酶作用的结果。

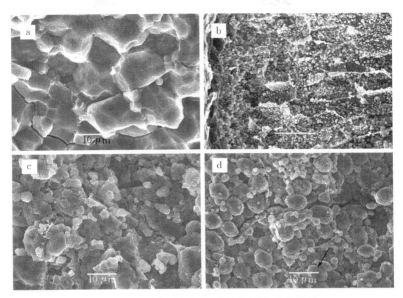

图 9-1　不同环境条件下的水稻淀粉体结构

a. 籽粒中部正常淀粉体　b. 受高温等影响，在粒边缘存在发育早期淀粉体，可见淀粉粒为单粒状态，左侧为糊粉层，线状结构为细胞壁　c. 发育不充分的淀粉体（大颗粒为淀粉体，浅色颗粒为蛋白体）　d. 受高温影响的淀粉体，淀粉体上有洞

注：黑色箭头标记为异型淀粉体。

高温对淀粉粒径也有影响。韦克苏（2012）研究籼稻花后高温（花后 25 d 日均温 31.5 ℃，日均温差 9.5 ℃）与常温（花后 25 d 日均温 23.7 ℃，日均温差 6.7 ℃）对淀粉粒径的影响，发现花后高温导致小型淀粉粒和中型淀粉粒的数量与相对比例降低，大型淀粉粒的数量与相对比例显著增大，淀粉粒的平均粒径增大。这些淀粉体的特征变化导致稻米出现乳白粒、背白粒、基白粒等。

9.1.2　高温对淀粉成分及胚乳成分的影响

一般来说，高温会导致 AAC 含量降低（Zhong et al.，2005），但同时使蛋白质含量升高（Chamura et al.，1979；Tamaki et al.，1989），支链淀粉结构发生变化（Thitisaksakul et al.，2012；Chun et al.，2015）。灌浆阶段不同温度对淀粉成分影响不同。Ma等（2017）研究认为，支链淀粉的分支成分主要受中期温度影响，高温会使 Fa 及 Fa/Fb$_3$ 降低，中长链成分增加，这与淀粉合成的生物过程相一致。从不同品种淀粉特性来看，Tateyama 等（2005）指出，极低 AAC 含量品种对温度变化更敏感。Igarashi 等（2008）分析了包含极低 AAC 含量品种的一组试材的品种、温度对 AAC 含量变化的贡献，指出温度的影响是品种的 2.6 倍，但不同品种对温度的响应不同，AAC 含量越低，其变异值越大；从支链淀粉侧支组成来看，中温区（26 ℃/20 ℃）到高温区（34 ℃/28 ℃）的短链组分比例降低，中、长链则从低温区（22 ℃/16 ℃）到高温区都表现随温度的上升而上升。Chun 等（2015）的研究也指出，随灌浆温度升高，AAC 含量和短支链淀粉链的数量减少，而中间支链淀粉链升高。韦克苏（2012）研究发现，在籼稻中，花后高温会导致稻米直链淀粉的聚合度降低、支链淀粉长链组分 Fb$_3$ 链的比例上升，短链组分 Fb$_1$ 链的比例有所下降。这种变化也表现出一定的品种类型差异。低 AAC 类型品种在花后高温下，Fb$_2$ 链下降，Fa 链比例上升；而高 AAC 类型品种呈相反趋势。

对于蛋白质成分，韦克苏（2012）发现，花后高温胁迫下，水稻籽粒中的蛋白质含量和氨基酸组分含量在灌浆前期普遍上升；醇溶蛋白含量在灌浆后期下降，蛋白质和氨基酸组分含量差异主要表现在灌浆后期。高温加速蛋白体的形成，改变谷蛋白和醇溶蛋白亚基的相对含量。其中，醇溶蛋白亚基相对含量略降低，谷蛋白亚基和谷蛋白前体相对含量均上升。

9.1.3 高温对米饭食味特性的影响

Chun 等（2015）和 Ma 等（2017）研究均发现，灌浆期高温导致较高的糊化温度，增加了峰值黏度、低谷黏度和最终黏度，降低了挫折黏度。这与前人的研究结果（Chamura et al.，1979；Tamaki et al.，1989；Zhong et al.，2005；Thitisaksakul et al.，

2012；Chun et al.，2015）基本一致。这说明高温成熟的大米可能过黏，而冷后易回生。韦克苏（2012）研究发现，高温灌浆时，稻米糊化温度与糊化热焓值明显升高。冈本正弘（1994）、松江勇次等（2003）认为，25 ℃附近食味综合值最高。稻米的食味主要受蛋白质含量和 AAC 含量影响，特别是 AAC。一般的，随着灌浆温度升高，蛋白质含量升高，AAC 含量下降，支链淀粉的短链降低，因此米饭可能过黏；但冷饭的黏度下降。同时，高温使米中乳白粒增加，饭粒易碎，而降低口感。

9.2　高温影响稻米外观及食味的机理

王忠（2015）等研究认为，淀粉在糙米中的蓄积并不是在各个部位同时进行的，而是按着一定的蓄积部位有序进行。在灌浆初期，从珠心向胚乳的中心部进行同化物蓄积，之后从中心部依次向周边积累淀粉。自乳熟期开始，从背部维管束流入的增多，蜡熟期以后，专门限定从背部流入。并且，在胚乳的周边部位，腹侧的发育早于背侧。

从上述淀粉发育的顺序来看，推测各种类型未熟粒的发生分别对应于特定时期的淀粉蓄积，而对高温（昼 36 ℃、夜 31 ℃）影响不同类型未熟粒发生的调查与此相对应。也就是说，出穗后的 4～20 d 的灌浆初中期的高温，一般 C 型乳白粒较多（图 8 - 12 左）；而出穗后 16～24 d 的中后期高温，引起背部周边维管束白浊即背白粒（图 8 - 12 右）较多。上述乳白粒、背白粒由于高温胁迫的程度和通过营养调控而形成白浊程度的差异（图 8 - 13）。当然，一些人工控温试验与大田试验的结果存在差异，这种差异可能主要是处理温度的差异。对于人工控温的 36 ℃高温，已经产生对淀粉积累的阻害；而大田往往是 30 ℃高温，首先是对生长的促进，之后才会抑制淀粉积累，因此在大田中乳白粒、背白粒会同时发生。这可能是因为细胞的生长、淀粉的蓄积与老化、生育阶段的转换等不同阶段所需的最适温度不同，因此关于高温障害还需要进一步从多角度解析。

无论是稻米外观还是稻米食味，高温的影响主要是造成胚乳细胞内淀粉蓄积不良，大体可以划分为籽粒（库）中淀粉合成与糖的输送能力和茎叶（源）的同化产物供应能力。仅对穗进行高温处理较仅对叶进行高温处理未熟粒多（佐藤庚等，1973；森田敏等，2005），这表明对于白浊化的产生穗所起的作用更大。其生理变化，一是在灌浆的后半阶段，淀粉合成能力、糖的输送能力降低（佐藤庚等，1973）；二是灌浆的初中期伴随糙米的快速生长，从茎叶中输送的同化产物不匹配（小叶田亨等，2004）。当然，有时两者是共存的。

关于库淀粉合成能力，在高温成熟时，GBSSⅠ（Hirano et al.，2000；Umemoto et al.，2002；Jiang et al.，2003）和 EB（Jiang et al.，2003）的活性与表达在灌浆后半阶段明显降低。近年来，随着基因组研究的发展，高温应激反应的基因可以进行网络化解析（Lin et al.，2005；三ツ井敏明等，2005）。其中，Yamakawa 等（2007）通过微阵列分析灌浆期间处于不同温度条件下发育籽粒的基因组表达，发现在高温时，除一些热应激应答的伴侣蛋白和氧化还原蛋白表达上升外，特别是 GBSSⅠ、BEⅡb 等淀粉合成酶，生产淀粉合成原料的 ADPG 的 AGPase、AGPS2b、AGPS1、AGPL2以及向淀粉体中运输 ADPG 的转运体 BT1-2 等基因的表达在高温条件下低 $50\%\sim70\%$。相对于此，加水分解的 α-淀粉酶 Amy1 A、Amy3D、Amy3E 则在高温下提高了 $2.2\sim2.5$ 倍（图9-2），这就是高温时乳白粒淀粉体表面有小孔（图8-14）的原因。高温时，$PPDK$ 基因（控制磷酸丙酮酸激酶的基因）之一的 $cyPPDKB$ 的表达受抑制，$cyPPDKB$ 失活的变异体 $floury$-4 形成粉质胚乳（Kang et al.，2005），因此推测高温抑制 $cyPP-DKB$ 与白浊的发生有关。

三ツ井敏明等（2005）研究发现，分解淀粉合成基质 ADPG、抑制淀粉合成方向起作用的核苷酸焦磷酸酶/磷酸酶（NPP）活性和分解淀粉方向起作用的 α-淀粉酶活性，由于高温而上升，而高温耐性品种这些酶的活性在高温时也能被抑制在较低水平。Yamakawa 等（2007）也认为，α-淀粉酶活性自体由于高温而被促

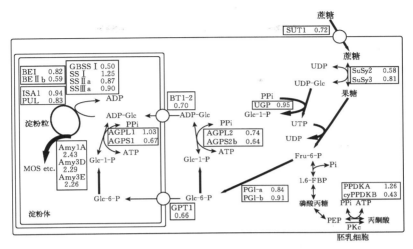

图9-2　开花后8～30 d淀粉代谢相关基因的累积表达水平之比

(Yamakawa et al.，2007)

注：采用半定量RT－PCR法，测定25 ℃/20 ℃和33 ℃/28 ℃，8～30个DAF的表达水平，得到淀粉代谢途径上编码酶/转位因子的基因的累积转录水平比值。用粗体和粗箭头表示诱导的1.5倍和相应的反应步骤，用粗体和细箭头表示被抑制的70%和相应的反应步骤。据估计，AGPL1和AGPS1基因的产物定位于淀粉质体，而AGPL2和AGPS2b的产物定位于胞质。MOS：低聚麦芽糖，PKc：细胞质丙酮酸激酶。

进，这与电子显微镜下观察到的分解小孔相对应。

除此之外，Lin等（2005）认为，灌浆期高温，热激蛋白增加。热激蛋白可能是为防止酶等高温失活、变性修复等而产生的。并且，在种子中，13 ku的醇溶蛋白减少（Yamakawa et al.，2007），负责糖跨膜运输的SUT1的表达也被高温抑制。

综上所述，在库方面，由于高温影响，关于糖运输、淀粉合成的多数酶上升/下降，以及输送路径的形态发生变化。但是这其中，增加哪个阶段能够解除淀粉蓄积障害，抑制未熟粒的发生还有很多地方不清楚，如对于高温耐受性不同的品种，对分解淀粉合成基质和淀粉起作用的酶的活性差异的关联已经得到确认，但合成方向起作用的酶的差异的关联例子还没有。并且，有报告指出，α-淀粉酶活性提高的转基因系白浊度提高了（Asatsuma et al.，2006），这说明酶反应的变化也会使白浊程度发生变化。利用激光显微镜分离微小组织的LMD法，为分析胚乳内特定领域的基因表达开辟了道路（Ishimaru et al.，2007），期待能解析影响白浊化基因的作用机理。

关于源，温度超过30～33℃，表观光合成速度降低（Yamada et al.，1955；Vong et al.，1977）。灌浆期的高温，相对于光合作用的呼吸作用上升，水稻植株的碳水化合物含量减少（山本健吾，1954；平井儀彦等，2003）。此时，虽然前述的对穗和茎叶分别进行高温处理的试验表明，茎叶高温导致的同化产物供应减少不是未熟粒产生的主因，但未熟粒发生频度高的乳白粒中，具有同化产物供应低则发生频度提高的趋势。单位面积穗数多，遭遇高温则乳白多发，灌浆期进行疏株处理能提高乳白粒发生的界限温度。这些现象表明，由于急剧增温，潜在的籽粒增加速度期间变短，导致籽粒同化产物供给不足，因而造成乳白粒发生。因此，灌浆过程中，一时淀粉蓄积变劣，之后消除，白浊的外部又变透明。

对于高温发生所形成的基部未熟粒，由于观察到穗肥增多会有效减少，因此认为和乳白粒一样，也是在灌浆初至中期颖果发生一时的同化产物竞争。并且，糙米背侧、基部淀粉蓄积，与源库能力衰落有关。这些能力维持，可能与充足的氮供应有关。

由于乳白粒的发生与淀粉合成、蓄积有关，因此也和粒重变化有关。当然，粒重变化与乳白发生程度等并不完全一致，还需要大量详细研究。

在作物穗上存在强、弱势粒差异，同化产物供应、所处的发育条件不同往往造成强势粒籽粒饱满灌浆充分，而弱势粒相对皱缩灌浆不良。徐云姬（2016）根据粒径比较了玉米、水稻、小麦3种作物强弱势粒淀粉粒形态，并分别以 $<1.5~\mu m$、$1.5\sim2.0~\mu m$、和 $>2.0~\mu m$ 为界将水稻籽粒淀粉粒分为小、中、大3种，指出3种作物强、弱势粒间小淀粉粒粒度分布比例及中淀粉粒所占比例（数量）没有明显差异，但各作物强势粒的中淀粉粒所占比例（体积和表面积）均显著高于弱势粒，大淀粉粒的分布比例低于弱势粒；强、弱势粒的中淀粉粒所占比例（体积）与其淀粉积累量和粒重变化趋势一致。以上表明，淀粉粒体积大小是决定粒重高低的一个重要因素，增加弱势粒的中淀粉粒体积或减小大淀粉粒体积可望增加其粒重。

9.3　降低高温障害的对策

9.3.1　高温耐性品种的开发

高温条件下，背白粒、基部未熟粒的发生及食味的改变存在明显的品种间差异。因此，选育并进一步促进应用高温耐性强的品种，是降低高温障害的第一要务。

首先要创造高温条件，选定基准品种。高温条件可以通过温室、塑料大棚和人工气候室加以设定。根据前人研究，高温应设定 $26 \sim 36\ ℃$ 为宜。对于不同地区来说，基于长期的气象资料，选定多发的上限高温可能实用性更强。

由于高温抗性与遗传、生理机制相关，结合特定材料表现，开展相关的淀粉积累、胚乳发育和遗传机制研究，对品种选育和高温障害发生的机理解析都有重要意义。

高温抗性品种可能与穗型结构有关，总体上松散平稳的灌浆类型有助于提高稻米品质，籽粒偏细长的品种也不容易产生乳白。因此，选育纺锤形甚至倒纺锤形的穗型和长粒类型可能有利于提高对高温障害的耐性。这种穗型在食味育种上也有较大的益处。

9.3.2　品种布局和栽培调控

从生育时期来讲，避开高温时段灌浆是规避高温危害的有效措施。其中一个措施是根据当地的光温条件，采用直播、选择早熟品种、适当晚播或选择晚熟品种等措施。

氮肥调控也是一个降低高温影响的重要措施。氮肥偏少会促进未熟粒的发生，但氮肥过多会降低食味品质，因此应根据品种特性科学施肥，使产量、外观、食味之间达到总体平衡。除此之外，P、Mg、Ca 等元素的综合供应也应保持平衡。

水的管理对于防止高温伤害也起到重要作用。一般来说，通过浅湿干等合理灌溉措施增进生长，提高植株对外界环境条件的抗性可能有利于减少高温伤害。

综上所述，根据品种特性、栽培地区条件及气候要素的变化，进行合理的栽培调控，使作物生长发育正常，是规避高温影响的保证。

9.4 低温对灌浆的影响

冷害是北方稻区常发的一种灾害。在生育前期发生的冷害，会延迟水稻生长发育，故称为延迟型冷害；在籽粒减数分裂及扬花期、灌浆期发生的冷害则会对产量、品质发生影响，所以称为障碍型冷害。

不同研究者对障碍型冷害发生的临界温度存在争论。耿立清等（2004）对黑龙江省水稻进行了研究，认为低温伤害孕穗期的临界温度为18℃，抽穗期临界温度为17~18℃，开花期临界温度为20℃，灌浆期临界温度为18℃。张莉萍等（2004）对黑龙江省东部水稻冷害进行解析，提出障碍型冷害在水稻3个关键生长期的温度阈值分别为：幼穗形成期17℃、减数分裂期17℃、开花期20℃。古书琴等（1998）认为，辽宁省在7—8月≤15℃、≤17℃、≤20℃天气分别出现7 d、15 d、20 d即为低温冷害年。

障碍型冷害可能导致减数分裂、开花、灌浆不正常，进而形成灌浆不良、充实度下降、秕粒、千粒重降低，并形成胴切、屑米，使稻米外观和食味下降（西村实，1993）。因此，可以通过选育抗寒品种等措施进行预防。

参 考 文 献

耿立清，张凤鸣，许显滨，等，2004.低温冷害对黑龙江水稻生产的影响及防御对策.中国稻米（5）：33.

古书琴，张玉书，关德新，等，1998.辽宁地区作物低温冷害的遥感监测和气象预报．沈阳农业大学学报，29（1）：16－20．

王跃星，倪深，陈红旗，等，2010．稻米直链淀粉含量的低世代筛选方法研究．中国水稻科学，24（1）：93－98．

王忠，2015．水稻的开花与结实．北京：科学出版社：1－51．

韦克苏，2012．花后高温对水稻胚乳淀粉合成与蛋白积累的影响机理．浙江：浙江大学：1－100．

徐云姬，2016．三种禾谷类作物强弱势粒灌浆差异机理及调控机制．扬州：扬州大学：6．

张莉萍，黄少锋，王丽萍，等，2004．2002 年黑龙江省东部水稻冷害解析．黑龙江农业科学（1）：39－41．

飯田幸彦，横田国夫，桐原俊明，等，2002．温室と高温年の圃場で栽培した水稲における玄米品質低下程度の比較．日作紀，71：174－177．

岡本正弘，1994．炊飯米の黏りに関する化学成分の育種学的研究．中国農試研報，14：1－68．

近藤始彦，森田敏，長田健二，等，2006．水稲の乳白粒・基白粒発生と登熟気温および玄米タンパク含有率との関係．日作紀，75（別 2）：14－15．

井ノ内直良，2010．米を中心とする穀物胚乳澱粉の構造と物性に関する研究．J. Appl. Glycosci.，57：13－23．

井上裕紀，北惠利佳，山村達也，等，2012．胚乳割断面の白濁パターン別の水稲乳白粒発生にたいする温度と剪葉の影響．北陸作物学会報，47：44－46．

堀端哲也，江藤真二，中浦嘉子，等，2010．日本晴準同質遺伝子系統の米胚乳澱粉の性質と米飯物性との関係．J. Appl. Glycosci.，53：4813－4823．

堀端哲也，2005．アミロペクチンの微細構造が異なる米胚乳澱粉の性質．福山：福山大学大学院工学研究科．

平井儀彦，山田稔，津田誠，2003．登熟期の気温がイネの暗呼吸と乾物生産に及ぼす影響―播種期を異にしたポット栽培での比較―．日作紀，72：436－442．

若松謙一，佐々木修，上薗一郎，等，2008．水稲登熟期の高温条件下における背白米の発生に及ぼす窒素施肥量の影響．日作紀，77（4）：424－433．

若松謙一，佐々木修，田中明男，2009．暖地水稲における高温登熟条件下の日射量および湿度が玄米品質に及ぼす影響．日作紀，78（4）：476－482．

三ツ井敏明，福山利範，2005. デンプン代謝からみた白未熟粒発生メカニズム（研究の現状）. 農業技術，60：447 - 452.

森田敏，2005. 水稲の登熟期の高温によって発生する白未熟粒，充実不足および粒重低下. 農業技術，60：442 - 446.

森田敏，2008. イネの高温登熟障害の克服に向けて. 日作紀，77（1）：1 - 12.

山本健吾，1954. 水稲の成熟現象に関する研究. Ⅲ. 夜温の高低と登熟 期間に於ける呼吸量および炭水化物の変化. 農及園，29：1425 - 1427.

山口琢也，蛯谷武志，金田宏，等，2003. 登熟期間中の気温と米の食味および理化学的特性との関係. 日作紀，72（別1）：272 - 273.

松江勇次，尾形武文，佐藤大和，等，2003. 登熟期間中の気温と米の食味および理化学的特性との関係. 日作紀，72（別1）：272 - 273.

太田早苗，佐々木中雄，田中一生，等，1993. 道内水稲品種系統におけるラビッドビスコ・アナライザー（RVA）と食味の関係. 育種・作物学会北海道談話会会報，34：3470 - 3471.

西村実，1993. 北海道水稲品種に於ける障害型冷害による食味特性の低下. 日作紀，62（2）：2242 - 2247.

小葉田亨，植向直哉，稲村達也，等，2004. 子実への同化産物供給不足による高温下の乳白米発生，日本作物学会紀事. 日作紀，73（3）：315 - 322.

中村保典，2003. デンプン合成とその制御. J. Appl. Glycosci.，50：511 - 512.

佐藤庚，稲葉健五，1973. 高温による水稲の稔実障害に関する研究. 第2報 穂と茎葉を別々の温度環境下においた場合の稔実. 日作紀，42：214 - 219.

佐藤弘一，斎藤真一，平俊雄，2003. 味度メーターおよびラビッドビスコ・アナライザーを利用した水稲良食味系統選抜. 日作紀，72（4）：390 - 394.

Asatsuma S, Sawada C, Kitajima A, et al. , 2006. α - amylase affects starch accumulation in rice grains. J. Appl. Glycosci，53：187 - 192.

Ball S G, Morell M K. , 2003. From glycogen to starch: understanding the biogenesis of the plant starch granule. Ann. Rev. Plant Biol. , 54：207 - 233.

Chamura S, Kaneco H, Saito Y, 1979. Effect of temperature at ripening period on the eating quality of rice. - effect of temperature maintained in constant levels during the entire ripening period - . Japan. Jour. Crop Sci. , 48（4）：

475 - 482.

Chamura S, Kaneco H, Saito Y, et al. , 1979. effect of temperature at ripening period on the eating quality of rice: Effect of temperature maintained in constant levels during the entire ripening period. Nippon Sakumotsu Gakkai Kiji, 48 (4): 475 - 482.

Chun A, Lee H, Hamaker B R, et al. , 2015. Effects of ripening temperature on starch structure and gelatinization, pasting, and cooking properties in rice (*Oryza sativa*) . J. Agric. Food Chem. , 63: 3085 - 3093.

Hikaru S, Aiko N, Kazuhiro Y, et al. , 2003. Starch - branching enzyme i - deficient mutation specifically affects the structure and properties of starch in rice endosperm1. Plant Physiol. , 133: 1111 - 1121.

Hirano H, Sano Y, 2000. Comparison of waxy gene regulation in the endosperm and pollen in *Oryza sativa* L. Genes Genet. Syst. , 75: 245 - 249.

Horibata T, Nakamoto M, Fuwa H, et al. , 2004. Structural and physicochemical characteristics of endosperm starches of rice cultivars recently bred in Japan. J. Appl. Glycosci. , 51: 303 - 313.

Igarashi T, Kanda H, Kinoshita M, 2008. Grain - filling temperature of rice influences the content of super - long chain of amylopectin and its unit - chain distribution. J. Appl. Glycosci. , 55: 191 - 197.

Igarashi T, Kanda H, Kinoshita M, 2008. Grain - filling temperature of rice influences the content of super - long chain of amylopectin and its unit - chain distribution. J. Appl. Glycosci. , 55: 191 - 197.

Isao H, Jun - ichi M, Tamami E, et al. , 2005. Structural characterization of long unit - chains of amylopectin. J. Appl. Glycosci. , 52: 233 - 237.

Isao H, Kimiko I, Yuki K, et al. , 2008. Granule - bound starch synthase I is responsible for biosynthesis of extra - long unit chains of amylopectin in rice. Plant Cell Physiol. , 49 (6): 925 - 933.

Ishimaru T, Nakazono M, Masumura T, et al. , 2007. A method for obtaining high integrity RNA from developing aleurone cells and starchy endosperm in rice (*Oryza sativa* L.) by laser microdissection. Plant Sci. , 173: 321 - 326.

Iwasawa N, Matsuda T, Nitta Y, 2001. Effects of high temperature and shading on the amyloplast structure in endosperm of rice seed. Jpn. J. Crop Sci. , 70 (别 1): 56 - 57.

Jiang H, Dian W, Wu P, 2003. Effect of high temperature on fine structure of amylopectin in rice endosperm by reducing the activity of the starch branching enzyme. Phytochemistry, 63: 53 - 59.

Kang H G, Park S, Matsuoka M, et al., 2005. White - core endosperm floury endosperm - 4 in rice is generated by knockout mutations in the C - type pyruvate orthophosphate dikinase gene (OsPPDKB). Plant J., 42: 901 -911.

Lin S K, Chang M C, Tsai Y G, et al., 2005. Proteomic analysis of the expression of proteins related to rice quality during caryopsis development and the effect of high temperature on expression. Proteomics, 5: 2140 - 2156.

Ma Z H, Cheng H T, Nitta Y, et al., 2017. Differences in viscosity of superior and inferior spikelets of japonica rice with various percentages of apparent amylose content. J. Agric. Food Chem., 65: 4237 - 4246.

Myers A M, Morell M K, James M G, et al., 2000. Recent progress toward understanding biosynthesis of the amlopectin crstal. Plant Physiol., 122 (4): 989 -997.

Naoki T, Naoko F, Aiko N, et al., 2004. The structure of starch can be manipulated by changing the expression levels of starch branching enzyme IIb in rice endosperm. Plant Biotechnology Journal, 2: 507 - 516.

Naoko C, Natsuko A, Naoko F, 2015. Amylopectin biosynthetic enzymes from developing rice seed form enzymatically active protein complexes. Journal of Experimental Botany, 66 (15): 4469 - 4482.

Naoko F, Akiko K, Dong - Soon S, et al., 2003. Antisense inhibition of isoamylase alters the structure of amylopectin and the physicochemical properties of starch in rice endosperm. Plant cell Physiol., 44 (6): 607 -618.

Noriaki A, Takayuki U, Shinya Y, et al., 2006. Genetic analysis of long chain synthesis in rice amylopectin. Naoyoshi Inouchi Euphytica, 151: 225 -234.

Sano Y, 1984. Differential regulation of waxy gene expression in rice endosperm. Theor. Appl. Genet., 68 (5): 467 - 473.

Satoh H, Shibahara K, Tokunaga T, et al., 2008. Plastidic α - glucan phosphorylase mutation dramatically affects the synthesis and structure of starch in rice endosperm. Plant Cell, 20: 1833 - 1849.

Takahashi K, Matsuda T, Nagamine T, et al., 2000. Influences of ripening temperature on grain weight, amylose content and gelatinization properties of rice starch. Tohoku Jpn. J. Crop Sci. , 43: 65 – 67.

Takemoto – Kuno Y, Suzuki K, Nakamura S, et al. , 2006. Soluble starch synthase I effects differences in amylopectin structure between indica and japonica rice varieties. J. Agric. Food Chem. , 54: 9234 – 9240.

Tamaki M, Ebata M, Tashiro T, et al. , 1989. Physico – ecological studies on quality formation of rice kernel Ⅰ. Effects of nitrogen top – dressed at full heading time and air temperature during ripening period on quality of rice kernel. Japan. Jour. Grop Sci. , 58 (4): 695 – 703.

Tamaki M, Ebata M, Tashiro T, et al. , 1989. Physicoecological studies on quality formation of rice kernel. I. effects of nitrogen top – dressed at full heading time and air temperature during ripening period on quality of rice kernel. Nippon Sakumotsu Gakkai Kiji, 58: 653 – 658.

Tashiro T, Wardlaw I F, 1991. The effect of high temperature on kernel dimensions and the type and occurrence of kernel damage in rice. Aust. J. Agric. Res. , 42: 485 – 496.

Tateyama M, Sakai M, Suto M, 2005. Varietal differences in the response of the amylose content of the endosperm of low – amylose rice (*Oryza sativa* L.) lines to temperature during the ripening period. Breed. Res. , 7 (1): 1 – 7.

Tetsuya H, Masaaki N, Hidetsugu F, et al. , 2004. Structural and physicochemical characteristics of endosperm starches of rice cultivars recently bred in Japan. J. Appl. Glycosci. , 51: 303 – 313.

Thitisaksakul M, Jiménez R C, Arias M C, et al. , 2012. Effects of environmental factors on cereal starch biosynthesis and composition. J. Cereal Sci. , 56: 67 – 80.

Umemoto T, Terashima K, 2002. Activity of granule – bound starch synthase is an important determinant of amylose content in rice endosperm. Funct. Plant Biol. , 29: 1121 – 1124.

Umemoto T, Yano M, Satoh H, et al. , 2002. Mapping of a gene responsible for the difference in amylopectin structure between japonica – type and indica – type rice varieties. Theor. Appl. Genet, 104: 1 – 8.

Vong N Q, Murata Y, 1977. Studies on the physiological characteristics of C 3 and C 4 crop species. 1. the effects of air temperature on the apparent photosynthesis, dark respiration, and nutrient absorption of some crops. Jpn.

J. Crop Sci. , 46: 45 - 52.

Yamada N, Murata Y, Osada A, et al. , 1955. Photosynthesis of rice plant. Proc. Crop Sci. Soc. Japan, 23: 214 - 222.

Yamakawa H, Hirose T, Kuroda M, et al. , 2007. Comprehensive expression profiling of rice grain filling - related genes under high temperature using DNA microarray. Plant Physiology, 144: 258 - 277.

Yasunori N, 2004. A note the metabolic system for the synthesis of the tandem - cluster structure of amylopectin rice endosperm. J. Appl. Glycosci. , 51: 259 - 266.

Zeeman S C, Umemoto T, Lue W L, et al. , 1998. A mutant of arabidopsis lacking a choroplastic isoamylase accumulates both starch and phytoglycogen. Plant Cell, 10: 1699 - 1712.

Zhong L J, Cheng F M, Wen X, et al. , 2005. The deterioration of eating and cooking quality caused by high temperature during grain filling in arly - season indica rice cultivars. J. Agron. Crop Sci. , 191: 218 - 225.

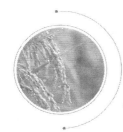

第 10 章
稻米淀粉成分及食味特性的测定方法

10.1 大量样品表观直链淀粉含量测定的注意事项

碘蓝比色法是国际公认的稻米粉直链淀粉含量简易测定方法，因此国际、国内主要采用这一方法测定大量样品直链淀粉含量。但这一测定方法的测定结果实际是热水可溶性淀粉，包括真正的直链淀粉和支链淀粉中的超长链，所以称为表观直链淀粉含量。

我国较早的碘蓝比色法测定标准是 NY 147—88《米质测定方法》，这一方法规定在 620 nm 波长下进行测定，其标准曲线采用事先按 ISO 6647—1987 或 GB 7648 方法准确测定的糯、极低、低、中、高一套直链淀粉含量稻米样品绘制。这种标准样品一般由中国水稻研究所提供。该测定方法由于标准样品和对照样品都是稻米粉，能够通过内标有效消除米粉中脂类等物质对测定结果的影响。后来这一方法修正为 NY/T 2639—2014，这一标准与 NY 147—88 相比，主要是比色液定容利用 50 mL 容量瓶。2008 年发布国家标准，即：GB/T 15683—2008《大米　直链淀粉含量的测定》。这一方法与 NY 147—88 相比，主要区别是：第一，比色波长为 720 nm，在这一波长下支链淀粉（主要是支链淀粉中的超长链）对直链淀粉测定结果的影响最小；第二，标准曲线由标准直链淀粉和标准支链淀粉混配成不同直链淀粉含量的溶液测得；第三，淀粉标准品和稻米样品都需要进行严格的脱脂步骤。此外，在操作的便捷性方面，前者显然优于后者。

结合笔者的实践和中国水稻研究所的测定方法，利用上述方法得到准确结果有两个步骤需要注意：第一是米粉的糊化，应该是沸水浴 10 min，第二是米粉加碘液定容后需要剧烈振荡。最后，应该将测定样品的含水量统一调整为一致，如 14％再进行比较。

对于表观直链淀粉含量的测定，Nakamura 等（2015）提出，不用标准样品而通过碘滴定曲线进行估测。这一方法由于包含样品的脱蛋白等步骤，操作较繁琐，但可能不失为一种较好的方法。

10. 2　单粒和微量样品表观直链淀粉含量测定方法

为了与育种相结合，我国许多学者提出了单粒、半粒测定方法。为了测定方便，笔者认为以不粉碎米粒利用糙米或精米进行测定为较佳方法。另外，一般来说，糙米中含有较多的脂肪，可能对测定结果产生严重影响，因此应以精米为宜。

申岳正等（1990）提出了单粒精米的冷碱糊化法，即单粒精米称重后放在 20 mL 刻度试管中，加入 1 mL 1. 8 mol/L 的 NaOH 溶液，30 ℃糊化 24 h，进行测定。程方民等（2001）提出，用 0. 6～0. 8 mol/L 的冷碱液于 37 ℃直接糊化精米 21 h，继而煮沸 10 min 进行测定的方法，具有前处理简便、重复间误差小、用样量少等优点，测得的直链淀粉含量经 t 检验，与常规法（NY 147—88）差异不显著。钟连进等（2002）提出鲜稻米测定方法，其基本思路为新鲜籽粒脱壳后称重碾磨成粉，按前述程方民等的方法测定。胡培松等（2003）提出了糊化温度和直链淀粉含量同时测定的简易方法，其基本操作为：取 6 粒待测样品糙米和已知直链淀粉含量的饱满籽粒为空白对照，在糊化盒经 KOH（2 mol/L）处理，在 28 ℃培养箱中糊化 23～24 h 后，检测其糊化温度。倒干碱液，待检样品、对照经 I_2 - KI（2. 0 g I_2 和 20. 0 g KI 定容至 1 L）充分染色，比较判断籽粒色泽。I_2 - KI 染色重复进行 2～3 次，按相应对照记录直链淀粉含量。若染色介于两个对照之间，则取两个对照的平均值为观察值；染色比 10％直链淀粉含量对照浅或比 25％对照深的样品则分别记录为 10％（本研究无糯稻品种）和 25％。测定结果与常规法测定结果进行了相关性分析。与此相似，王跃星等（2010）提出了一种简易的碘蓝染色比对方法，即：取半粒或 1 粒糙米敲击成扁平状，放在糊化盒中，加入 2 mol/L KOH 5 mL，在 28 ℃培养箱中糊化 23～24 h，然后加入 4 mol/L 冰乙酸 3 mL。待中和反应完全后，加入 200 μL 碘液充分染色、拍照。经大量品种的反复染色比较试验，大致可以将不同直链淀粉含量的籼稻品种按染色由浅（棕红）至深（蓝色）分为棕红、紫红、蓝紫、蓝 4 个类别，染色越浅说明直链淀粉越低。上述 4 个颜色分别对应直链淀粉（AC）含量为＜12％、12％～17％、17％～23％、＞23％，然后将样品与此相对比得出 AC 的分布范围。这一方法对籼稻而言是一个较好的方法，而对于粳稻，按这一方法只能划分为两个档次，似乎还不够细致。

上述方法各有特点，值得育种者结合个人育种材料加以改进，以在早期选拔中加以利用。

10.3　支链淀粉分支成分测定方法

在食味育种和淀粉成分分析中，详细测定支链淀粉链长分布非常重要。最近，徐锡明等（2018）对有关测定方法进行了综述。总体来看，这些测定方法大多需要昂贵的仪器，一般实验室并不具备测定条件。对于非机理性研究，也并不需要详细到具体链长分布，了解长、中、短链即 F_a、$F_{b1\sim3}$ 一般就可以了。Nakamura 等（2015）提出，通过化学方法可以测定淀粉中的 F_a、F_{b3} 组分。笔者课题组利用这一方法进行了相关研究（陈云等，2019），认为这一方法具有非常强的实用性，下面将这一方法要点进行归纳整理。

1. 米粉脱蛋白处理

100 g 米粉样品及糯稻对照放入离心管中，加入 350 mL 蒸馏水和 350 mL 0.5％氢氧化钠，搅拌 60 min 后进行离心（3 000 g，10 min，20 ℃）。取沉淀，通过加入不同量的蒸馏水进行多次清洗搅拌，然后用 1 mol/L 盐酸调节 pH 至中性，相同条件下离心。将沉淀表面灰层刮去，悬浮于 100 mL 蒸馏水中过 0.038 mm 筛，离心取沉淀。将沉淀置于 35 ℃烘箱内烘干，烘干后取白色部分用研钵碾碎（Verwimp et al.，2004）。

2. 支链淀粉侧链分支含量测定

取 0.1 g 脱蛋白的米粉，加 1 mL 95％乙醇以分散米粉，加入 9 mL 1 mol/L 氢氧化钠，在 5 ℃下放置 1 h 用碱液糊化。然后沸水浴 10 min，冷却至室温。将糊化液定容并转移 5 mL 至另一容量瓶中，加 1 mL 1 mol/L 乙酸和 2 mL KI-I$_2$，然后定容，在分光光度计 200～900 nm 处进行扫描。获得淀粉碘吸附的峰值波长 λ_{max}，λ_{max} 所对应的吸光度为 $A\lambda_{max}$；表示 400 nm 至 λ_{max} 间的面积 F_2 等参数，并依据如下公式计算 Fa 和 Fb_3：

$$New\lambda_{max} = \frac{73.307 \times A\lambda_{max} + 0.111 \times \lambda_{max} - 73.016}{\text{测试样品的} \lambda_{max} - \text{糯稻的} \lambda_{max}}$$

$$Fa = -11.59 \times F_2 - 10.92 \times New\lambda_{max} + 34.429$$

$$Fb_3 = 44.691 \times A\lambda_{max} - 0.774$$

$$RS = 21.312 \times A\lambda_{max} - 0.030 \times \lambda_{max} + 12.251$$

该方法测得 Fa 和 Fb_3，则 $Fb_1 + Fb_2 = 1 - (Fa + Fb_3)$，$Fb_1 + Fb_2$ 简记为 Fb_{1+2}，即支链淀粉侧链的中等长度链数量；Fa/Fb_3 为短链与长链的比例。

其中，Fa、Fb_3 根据 Hanashiro 的方法得来，即：支链淀粉聚合度（DP）范围在 4～75 之间，可分为 DP≤12 为 Fa，24≥DP≥13 为 Fb_1，36≥DP≥25 为 Fb_2，以及 DP≥37 为 Fb_3。

10.4　支链淀粉超长链测定方法

在利用碘蓝比色法测得的直链淀粉含量中，由于含有超长链（SLC），因此称这个测定结果为表观直链淀粉含量。有学者认为，相同表观直链淀粉含量的品种间食味差异，可能主要与 SLC 有关。因此，测定 SLC 含量，并将之从表观直链淀粉含量中加以分离，从而得知真正的直链淀粉含量具有重要意义。

SLC 的测定首先是将真正的直链淀粉和 SLC 加以分离，这样才能够进一步测定。爱尔兰 Megazyme 公司提供直链淀粉测定试剂盒，其基本原理为在特定的温度、pH 和离子强度下，伴刀豆球凝集素 A（Con A）可以特定地连接含吡喃葡萄糖基（a‑D‑glu‑cosepyanosyl）或吡喃甘露糖基（a‑D‑mannopyanosyl）的支链多聚糖，优先沉降支链淀粉，从而分离出直链淀粉，进一步分别通过葡萄糖氧化酶/过氧化物酶分解直链淀粉和总淀粉，通过比色法测定成分变化，从而明确直链淀粉含量。

　　另外一种方法是碘亲和力法，又分为电流滴定法和电压滴定法。我国学者曹忙选（2003）曾采用电流滴定法测定稻麦直链淀粉含量，陈俊芳等（2010）用电位滴定法测定板栗的直链淀粉含量，所测结果都与碘比色法测定结果存在偏差，所以应该是真正的直链淀粉含量。但这些测定方法并没有被广大学者采用。

　　《澱粉科学ハンドブック》（二國二郎，1997）详细介绍了碘亲和力测定方法。下面对其进行介绍。

　　（1）电压滴定法　采用碘液对淀粉溶液进行电压滴定，碘素和淀粉形成复合体时，没有电压变化，由于游离碘素的存在，电动力增加，能发现电压的变化，因此能从电压滴定曲线中求出复合体形成的碘的量，计算相对于淀粉重量的碘结合量，用百分率表示就是碘结合力。支链淀粉的碘亲和力极小，滴定，电力马上增加。与此相对，直链淀粉的亲和力非常大，达到电力增加的滴定量较大，根据直链淀粉含量变化与碘滴定曲线的关系就可以求出二者的比例（图 10‑1）。

　　作为方法，首先准确称量经过脱脂的（直链淀粉用量 40 mg，淀粉用量则为 100 mg，支链淀粉用量为 200 mg）试材，加 1 mol/L KOH 5 mL，冰箱放置一晚使之充分膨润糊化，之后用甲基橙作为指示剂，0.5 mol/L HCl 中和，中和后加 0.5 mol/L KI 溶液 10 mL，定容至 100 mL，滴定时采用如图 10‑2 所示的滴定装置。

　　电动力的测定饱和甘汞电池作为半电池，滴定容器中插入白金电极，作为半电池，二者用装满饱和 KCl 的琼脂桥连接，求出二者的电压变化。滴定容器的液体为 0.05 mol/L KCl，滴定液是 0.05 mol/L KI 与 1 mL 中含有 0.200 mg I_2 的混合液。滴定时一点一点进行，求出期间的电压变化。

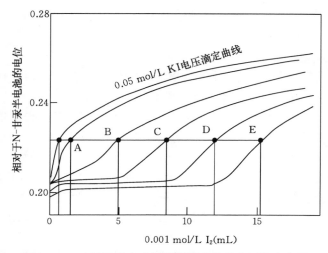

图 10-1　直链淀粉与支链淀粉混合物的电压滴定曲线

　　A. 0.01 g 直链淀粉　B. 支链淀粉 0.075 g＋直链淀粉 0.002 5 g　C. 支链淀粉
0.005 0 g＋直链淀粉 0.005 0 g　D. 支链淀粉 0.002 5 g＋直链淀粉 0.002 5 g　E. 直链淀
粉 0.001 g

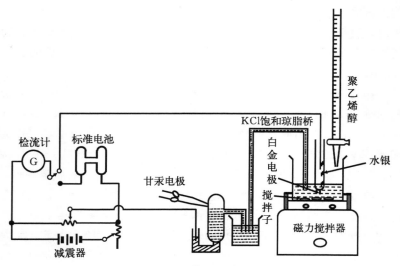

图 10-2　碘素电压滴定装置

Banks 等（1971）开发出新的微型碘电位差滴定计，并报告了淀粉、直链淀粉、支链淀粉等多种与碘素结合的多种报告。当然，测定条件是非常重要的。因此，进行正确的规定是必要的。Bank 等就此，碘液的浓度是 0.01 mol/L，温度 20 ℃，pH5.8，并且这个 pH 是用 KH_2PO_4 - K_2HPO_4 缓冲液控制，采用的淀粉以及构成成分的量是淀粉 5～25 mg、直链淀粉 3～6 mg、支链淀粉 12～24 mg。

Banks 等的装置采用 4 个烧瓶，分别具备搅拌装置、白金电极、液体天桥，以及碘滴定装置。其测试要点为：

① 试材制备。试材采用 DMSO（二甲基亚砜）形成 1%～4% 的溶液，进一步用 3 倍量的乙醇沉淀，离心分离后，再用乙醇洗尽沉淀，干燥后，再溶解进 DMSO，作为试材使用。

② 电极液。0.1 mol/L KI 溶液 203 mL 和 0.2 mol/L KH_2PO_4 - K_2HPO_4（pH 5.8）20 mL 混合，用蒸馏水稀释至 2 L，这个液体在 2 m^3 的半电池用圆底烧瓶中加入 830 mL。

③ 测定。DMSO 试材溶液 1 mL 用 11 mL 蒸馏水稀释，其中的 10 mL 移入一个烧瓶，另一烧瓶仅加入 10 mL 蒸馏水，两半电池用液体天桥连接，静置到恒温槽中恒温，试材烧瓶加入 0.1 mL 碘液（0.005 mol/L I_2 - 0.01 mol/L KI），等达到平衡（5 min）后，对照的烧瓶加碘液滴定，这个时候读取电位差为 0，这二者滴定值的差就是由于结合多糖的碘素量。反复操作可以得到滴定曲线。

马铃薯淀粉及分离产物得

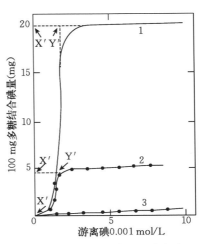

图 10-3 马铃薯淀粉及分离产物得到的滴定曲线

1. 直链淀粉 2. 淀粉 3. 支链淀粉

到的滴定曲线如图 10-3 所示。

（2）电流滴定　电流滴定法原理和电压滴定法相同，但是作为滴定法，在求电流这一点上不同（图 10-4）。这时，同质的白金线两根浸入滴定溶液中，基于 10～15 mV 的电压，计算这个回路由于滴定引起的电流变化。由于游离碘素的存在，这个值增加，测定时，读取甘汞电极和回路白金电极的电流值，求出直链淀粉含量比。

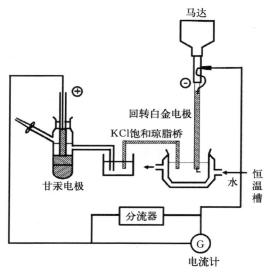

图 10-4　淀粉的电流滴定回路

这个方法测定时的操作过程如下：

① 滴定方法。相对于溶解在 0.5 mol/L KOH 10 mL 的试材（直链淀粉 10 mg，淀粉的情况下 40 mg），进一步加 10 ℃冷却纯水 75 mL、1 mol/L 盐酸 10 mL 及 0.4 mol/L KI 溶液 5 mL，在外筒烧杯中加 10 ℃ 200 mL 的冷水进行循环，磁力搅拌棒搅拌 5 min，然后用 0.001 57 mol/L KIO_3 溶液利用滴定仪（0.5～0.6 mL/min）进行滴定，记录纸记录加有 25 mV 电压的白金电极间的电流变化（图 10-5）。

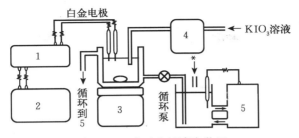

图 10-5　自动电流滴定装置

1. 打字机　2. 记录器　3. 磁铁星体　4. 升压泵　5. 库尔尼塔斯

② 测定结果的表示。滴定反应是 $IO_3^- + 5I^- + 6H^+ = 3I_2 + 3H_2O$

1 mL 的滴定值相当于 0.2 mg 的 I_2，滴定在室温下也能够进行。但是，如图 10-6 所示，从基准值的稳定性和变曲点的易读性来看，10 ℃是较合适的。

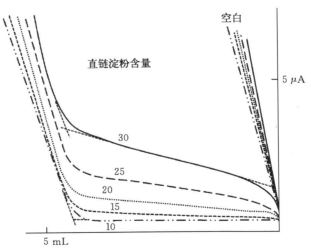

图 10-6　改变滴定温度情况下的滴定曲线变化

由此，求得各种淀粉的碘亲和力值，计算和 100 mg 的试材反应的 I_2 数值，这个值主要是直链淀粉和碘发生的反应。

根据 Schoch 的方法，从各种淀粉分离的直链淀粉的亲和力，玉米是 19.0，小麦是 19.9，马铃薯是 19.9，木薯是 18.6，大体上在 19~20 之间。

根据碘亲和力计算直链淀粉含量利用下面的公式：

直链淀粉＝100 mg 试材结合的碘素的量/100 mg 纯直链淀粉结合的碘素量×100

作为简便方法，上述的分母直接写 19~20 也没有大的误差。通过这个方法求得的各种淀粉的直链淀粉含量如表 10-1 所示。

表 10-1　各种淀粉的碘亲和力和直链淀粉含量

淀粉试材	100 mg 试材碘（I_2）亲和力（mg）	直链淀粉含量（%）
马铃薯	4.4	22.2
直链淀粉	20	—
支链淀粉	0.4	—
葛	4.7	23.6
大米	4.3	21.7
玉米	5.3	26.3

10.5　米饭质构特性分析

稻米食味的主要内涵是黏弹性，从物理测试方法来看，多是通过 RVA 仪测试米粉的黏滞谱，从而得到稻米的糊化特性来间接评价。质构分析仪直接对米饭进行压缩、拉伸测试，得到米饭的黏弹性、咀嚼性等参数，称为质构参数或质构特性，这些结果更接近人的咀嚼感受。质构分析仪测试有普通测试和 TPA 程序测试。TPA 测试程序是连续两次压缩—拉伸试验（陈云等，2019），但如 Brookfield 等质构分析仪两次压缩的比例相同；而日本 Tensipresser 公司的 My boy sysutem 的质构分析仪两次压缩比例可调节，如第一次压缩比例为 25%，第二次压缩为 90%，则两次压缩可分别视为对米饭表面和整体的质构特性测试。因此，这种设置更适合精细测定米饭质构，并且这一结果与米饭综合评价有密切联系。Tensipresser 公司研发出单粒米饭质构特性测定方法，这在样品间进行比较是具有重要意义。

10.6 稻米食味的感官评价

10.6.1 日本精米协会的七段评分法

日本开展食味研究较早，因此食味评价方法也较为完备。日本精米协会提出，与对照相比，差异程度按颇、稍、微的七段评分法对米饭食味进行评价，其评价如表 10 - 2 所示。标准评价一般一次评价连同对照共 4 份样品，样品间最终差异通过综合评价来表示。这种评价方法能够较明确区分样品间差异。

表 10 - 2 米饭食味评定卡

组别_____ 日期_____ 时间_____

品种编号	色泽	外观	气味	味道	黏度	硬度	综合评定
0	0	0	0	0	0	0	0
1							
2							
3							

注：请必须按评定卡中与米饭对应的颜色标签出现的先后顺序分别与对照（红色）比较，利用相对法进行评价，并给出相应的分值。第一次试食（看、闻、咀嚼）就确信有明显差异则根据差异大小评定为"＋3"（－3）或"＋2"（－2），第一次试食不清楚，第二次试食确信有差异为"＋1"（－1），第二次也不能准确判断为 0。其中，黏度越强、硬度越硬越好。

10.6.2 我国的稻米食味感官评价方法

我国主要参考日本评价方法，发布了 GB/T 15682—2008《粮油检验 稻谷、大米蒸煮食用品质感官评价方法》，其评价内容及每项的赋分方法见表 10 - 3。与日本精米协会的方法相比，这一方法具有以下特点：第一，合并黏度、硬度为适口性，提高了试食者评价的准确性;第二,加评冷饭质地,更加全面;第三,百分制赋分方法是将 7 段评分法的每项结果加以赋分,如气味一项评分仍按 -3～+3 评分,但如表 10 - 2 所示,-3 对应 13 分,-2 对应 12 分……,样品的综合得分是单项评价的累加,但这种评价方法使得样品间最终结果的差异变小。该方法提出了每一项内容的评判标准。

表 10 - 3　GB/T 15682—2008 稻米食味评分

对照	不好			相当	好		
	最	较	稍		稍	较	最
评分	-3	-2	-1	0	1	2	3
气味	13	14	15	16	17.3	18.7	20
外观结构	13	14	15	16	17.3	18.7	20
适口性	21.5	23	24.5	26	27.3	28.7	30
滋味	17	18	18.5	19	21	23	25
冷饭质地	2	2.3	2.7	3	3.7	4.4	5
综合评分	66.5	71.3	75.7	80	86.6	93.5	100

日本的七段评分法与《粮油检验　稻谷、大米蒸煮食用品质感官评价方法》的百分制评分可以通过一个经验方程加以转换。

米饭食味与做饭时正确加水量密切相关。关于加水量,《粮油检验　稻谷、大米蒸煮食用品质感官评价方法》提出,籼米加水 1.6 倍,粳米加水 1.3 倍;日本学者认为,在含水量为 13.5% 的粳米的精米加水量应为 1.33 倍,含水量每变化 1%,加水量增减 16 g。NY/T 593—2013《食用稻品种品质》提出,根据直链淀粉含量进行校正,具体标准参考表 10 - 4。表中内容是稻米含水量为标准情况时的结果,实际应结合稻米具体含水量加以调整。由于锅具的发展,加热和密闭性能提高,使得加水量有所降低,因此应结合具体情况,提前进行预备试验是必要的。

表 10 - 4　NY/T 593—2013 食用稻稻米品质米饭制备中需水量调节

序号	直链淀粉含量（干基,%）	水米重量比
1	≤15.0	1.2
2	15.1～20.0	1.3
3	20.1～25.0	1.4
4	>25.0	1.5

注：籼米、籼糯米试样水分含量要求≤14.5%，粳米、粳糯米水分含量要求≤15.5；籼糯米、粳糯米水米比值取 1.0。

10.6.3　小样品及多数试样的评价方法

按前述评价方法，每次评价 3 个样品，评价方法较复杂，不能满足育种需要。《粮油检验　稻谷、大米蒸煮食用品质感官评价方法》提出了 20 g 样品的品尝方法。松江勇次等（2003）提出了一个少数评价员每次可以评价 10 份样品的简易方法。其方法可简述为：称量 400 g 含水量 14% 左右的精米，漂洗后，加水到 440 mL 浸泡 30 min，做饭，评价员采用 13 人。

笔者在育种实践中，提出用 5 g 精米，加水 1.4 倍快速蒸煮，然后评价员 6 人左右，仅对米饭的外观和综合进行评价，并通过 t 测验进行差异分析。笔者认为，这一方法非常符合育种需要。

参 考 文 献

曹忙选，2003. 电位滴定法快速测定直链淀粉含量. 西北农业学报，12（4）：91 - 92.

陈俊芳，周裔彬，白丽，等，2010. 两种方法测定板栗直链淀粉含量的比较. 中国粮油学报，25（4）：93 - 95，128.

陈云，吕文彦，路飞，等，2019. 穗型与胚乳成分对稻米黏弹性的影响. 食品科学，40（3）：64 - 70.

程方民，杨宝平，吴平，2001. 小样品稻米直链淀粉含量的简易测定法. 植物生理学通讯，37（1）：45 - 47.

胡培松，翟虎渠，唐绍清，等，2003. 稻米糊化温度和直链淀粉含量的简易测定法. 中国水稻科学（Chinese J. Rice Sci.），17（3）：284 - 286.

申岳正，闵绍楷，熊振民，等，1990. 稻米直链淀粉含量的遗传测定方法改进. 中国农业科学，23（1）：60 - 68.

王跃星，倪深，陈红旗，等，2010. 稻米直链淀粉含量的低世代筛选方法研究. 中国水稻科学，24（1）：93 - 98.

徐锡明，范名宇，王晓菁，等，2018. 支链淀粉提取和链长分布测定方法研究进展. 中国粮油学报，33（1）：140 - 146.

钟连进，程方民，2002. 水稻籽粒鲜样品的直链淀粉含量测定方法. 浙江大学学报（农业与生命科学版），28（1）：33 - 36.

二國二郎，1997. 澱粉科学ハンドブック. 東京都新宿区新小川町 6 - 29：朝倉書店：174 - 179.

松江勇次，佐藤大和，尾形武文，2003. 良食味水稲品種における少数パネル・多数試料による米飯の食味評価，72：38 - 42.

Nakamura S，Satoh H，Ohtsubo K，2015. Development of formulae for estimating amylose content，amylopectin chain length distribution，and resistant starch content based on the iodine absorption curve of rice starch. Bioscience，Biotechnology，and Biochemistry，79（3）：443 - 455.

Verwimp T，Vandeputte G E，Marrant K，et al.，2004. Isolation and characterisation of rye starch. Journal of Cereal Science，39（1）：85 - 90.

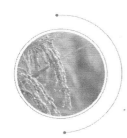

第11章
稻米外观与食味改良方法

11.1 稻米外观与食味品质的育种改良

11.1.1 育种目标

　　2018年，国家发布了新的水稻品种审定标准，提出了基本条件和分类条件。审定的基本条件是：主要病虫害的抗性不低于对照；生育期不超过安全生产和耕作制度允许范围；全生育期不长于对照品种5.0～7.0 d。分类条件中提出了高产品种、绿色优质品种、特殊品种等的审定标准。外观和食味优良的育种材料应通过优质品种审定，其标准是品质指标达到部标标准2级以上（表11-1）；每年区域试验、生产试验产量不低于对照品种。各省份也据此发布了省审品种标准，也提出了相应的粳稻审定标准（表11-2）。软米品种一般食味优良，但没有国家标准，可能通过特殊品种途径进行审定是必要的。

表11-1　粳黏品种品质等级
（NY/T 593—2013《食用稻品种品质》）

品质性状	等级		
	一	二	三
糙米率（%）	≥83.0	≥81.0	≥79.0
整精米率（%）	≥69.0	≥66.0	≥63.0
垩白度（%）	≤1	≤3	≤5

（续）

品质性状		等级		
		一	二	三
透明度（级）		≤1	≤2	
Ⅰ	感官评价（分）	≥90	≥80	≥70
Ⅱ	碱消解值（级）	≥7.0		≥6.0
	胶稠度（mm）	≥70		≥60
	直链淀粉（干基,%）	13.0～18.0	13.0～190	13.0～20.0

表 11 - 2　粳糯品种品质等级

（NY/T 593—2013《食用稻品种品质》）

品质性状		等级		
		一	二	三
糙米率（%）		≥83.0	≥81.0	≥79.0
整精米率（%）		≥69.0	≥66.0	≥63.0
阴糯米率（%）		≤1	≤3	≤5
白度（级）		≤1	≤2	
Ⅰ	感官评价（分）	≥90	≥80	≥70
Ⅱ	碱消解值（级）	≥7.0		≥6.0
	胶稠度（mm）	≥100		≥90
	直链淀粉（干基,%）	≤2.0		

　　为适应稻米市场发展需要，很多省份开设食味稻组。食味稻组对照品种的产量降低，但食味水平提高。对于食味优良材料，也可以通过食味稻方式进行审定。随着生产水平的提高，普通品种的食味水平也会相应提高。

　　现阶段，在我国，水稻产量、品质并进还是十分必要的。产量育种主要是株型改良。北方粳稻超高产育种中，直立大穗型受到充分的重视（刘坚等，2012）。据研究，不同穗型品种，其品质性状也存在差异。徐正进等（2007）以辽宁省育成的 40 个水稻品种为试验材料，研究了穗部性状的品种间差异、穗型分类方法及其与品质的关系，以单穗重、着粒密度、穗直立程度和穗型指数为指标，分别将试验材料划分为重、中、轻，密、中、稀，直、半、弯，上、中、下 4 类各 3 种穗型，认为在穗数、一次枝梗数、每穗粒数、着粒密度及二次枝梗粒数及其占每穗粒数的比率（二次粒率）等性状上中等偏上的上部优势穗型在结实性和品质性状上有明显优势。这一提法也得到了日本食味专家松江勇次的认同（崔晶等，2019）。因此，为使产量、品质协同提高，育种选择中应重视穗型选择，选择上部粒数较多、结实较好的育种材料，更容易实现产量和品质目标。但穗型可能在品种类型间存在特异性。房振兵等（2018）分析湖北中籼材料穗型与产量品质的关系，认为穗重大于 4.25 g 的重穗型品种的外观品质（垩白粒率、垩白度）、蒸煮品质（胶稠度、碱消值）优于穗重小于 3.6 g 的轻穗型和穗重介于二者之间的中穗型。可见，具体育种中，品质与穗型的关系既要从普遍性出发，又要重视材料的特异性。

11.1.2　亲本选择

1. 农艺亲本的选择

根据前述品种审定标准，品种的抗性、生育期是基本条件，这些性状及产量等主要是通过农艺亲本来保证的。为适应当地的生产、栽培条件，达到品种审定的标准，应选择抗性好、株型与穗型优良、产量配合力高的优良育种材料作为农艺亲本。这些农艺亲本可能是育成品种，对于育种者来说，充分挖掘个人积累育种材料的育种潜力，也许对育成特异性、更高水平甚至突破性品种会有较大帮助。

2. 品质亲本的选择

新品种的优良外观品质和食味品质主要是由品质亲本来保证的。一些材料可能外观优良，也可能食味优良，最好是选择外观、食味相结合的材料作为亲本。考虑到抗性的复杂性，品质亲本最好抗性较强。

（1）外观品质亲本　外观优良亲本的主要要求是垩白度低或无。第 8 章内容表明，我国稻米外观测定以精米为对象，这种测定方法会受到加工条件、评测手段等的影响，这与日本以糙米为测定对象不同。因此，在亲本选择时应进行必要的性状鉴定，特别是以糙米作为测试对象的测定鉴定是必要的。

稻米垩白虽受到环境条件，尤其是灌浆期间高温影响，但垩白主要是由品种特性决定的。影响稻米垩白性状表现的品种特性包括：①完全粒的垩白表现基础。应选择品种完全粒没有垩白，尤其是心白无或极小的育种材料。②品种结实的整齐性。这主要与生育期和穗大小有关，当生育期过长、穗型过大时，遇到低温寡照年份或者栽培管理措施不当，弱势粒容易形成结实不良，导致充实度降低、垩白率提高。这种垩白率提高以未熟粒为主，未熟粒实际比完全粒整体偏小。未熟粒除影响外观品质外，也会降低整精米率。③粒形。粗大籽粒容易形成垩白，对于粒长大于 5 mm、长宽比大于 1.8 的籽粒垩白总体偏少。随着经济水平的发展，特别是粒长大于 6 mm、长宽比大于 2 的稻花香的选育成功，市场逐渐倾向于长粒米，因此应加强对粒形的选择。但长粒米中存在整体充实度较好的长砖型和中间充实度高、两侧充实度略低、米粒存在褶皱的长楔形，后者往往整米率低，应避免将后者用作亲本。

总之，从外观品质考虑，应选择籽粒没有垩白、粒形窄、偏长籽粒作亲本为佳。

（2）食味品质亲本　优良食味亲本的感官品尝综合评价与对照相比明显优良，一般黏度高、软弹。虽然不尽相同，但国内外学者已经公认，其主要的理化性状就是低直链淀粉含量，其次是低蛋白质含量。楠谷彰人等（2007）曾比较了我国 20 世纪 80 年代前的一些品种与日本品种的理化品质与食味品质，认为我国品种较日本品种食味综合评价低。究其原因，与日本品种相比，我国品种直链淀粉含量和蛋白质含量都高，并据此提出直链淀粉含量和蛋白质含量双低的"双低型"食味稻育种策略。

① 优良亲本的选择。越光是世界著名优良食味品种，日本食味改良主要都是以越光为亲本，目前日本推广的优良食味大米已经到越光重孙世代（图 11 - 1）。江苏省农业科学院王才林研究员引

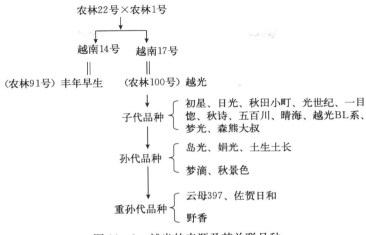

图 11-1　越光的来源及其关联品种

进日本优良食味品种关东 194，以其作为亲本育成南粳 46、南粳 505、南粳 3908 等系列优良食味品种。这些品种极大地推动了江苏省优质食味稻产业的发展。由此可见，优良食味品种的育成都是应用了优良食味资源。

中国稻作学会和北方稻作协会近年来连续开展全国性稻米食味评比，其中的金奖、银奖品种都是食味上乘材料，可以选择熟期相宜的材料作为亲本利用。

以这类材料作为资源时，应注意农艺性状与品质性状的协调，使最终后代综合性状符合育种目标，达到审定标准。

当然，环境条件对食味品质有较大影响。同一资源在不同地区的食味特性可能表现不同，育种中应加以注意。从生态环境来看，相似生态区的资源利用价值可能更高。

② 优良变异材料的创造。日本的越光品种是 1956 年育成，20世纪 70 年代起成为日本主栽品种，从那时起，其栽培面积就一直占稻作总面积的 30% 以上。那么越光的食味是不可超越的吗？日本学者曾对此进行深入思考。为了培育食味品质超过越光的品种，

日本稻作科研工作者从 20 世纪 80 年代起，主要通过诱变的方法，创造了一批直链淀粉含量在4％～15％的材料，其中一些材料的食味特点超过越光（朱昌兰等，2004）。中国农业科学院万建民院士也创造了大量的胚乳突变体。因此，通过诱变方法，创造食味优良材料是可行的。

在育种实践中，兼顾开展基础科学的需要，诱变基础材料的选择应充分思考。日本食味稻育种多以越光作为诱变的基础材料。这是因为总体上越光是日本的主栽品种，无论是食味特点还是农艺性状，都符合日本水稻产业界的需求。而在我国，由于食味突变体主要是直链淀粉含量降低，这一性状与其他产量性状并不存在不良连锁，所以理论上，以农艺性状整体优良的材料进行诱变，可能更适合育种需要。

诱变方法是多样的，EMS、γ 射线等方法都可以作为诱变手段。但总体上，综合前人的一些研究和笔者的研究结果，EMS诱发突变后代的直链淀粉含量一般较低，达到 5％左右的居多，这样的材料在育种中可能应用潜力不大。而利用亚硝基化合物能特异诱变出胚乳突变体，可能是最佳的诱变方法。我国学者曲乐庆和日本秋田县立大学的中村保典、藤田直子都获得了该方面的专利。中村保典、藤田直子利用这一方法创造了大量的淀粉突变体。

③ 利用特异资源选育特异品种，满足不同需求人群。人们食用大米，除饱腹、美味的需要外，再赋予水稻品种特殊特性，进而创造出更高价值，带动产业发展，或满足不同人群的需要。例如，香米、软米、含抗过敏蛋白米等。近年来，沈阳农业大学培育了系列的软米与含胚米相结合的水稻品种，这种大米将软米的柔软美味与含胚米的高营养价值结合，可谓营养食味兼备，一经推出就迅速得到市场青睐。因此，利用特殊资源选育具有特殊性状的大米非常有意义，如保健型、极良食味类型等。

11.1.3　育种途径

目前，杂交育种是外观、食味改良的主要育种途径。在亲本配置中，一般应将农艺亲本作为母本，品质亲本作为父本，但并不是绝对的。对于品质亲本，应兼顾不同地区对农艺性状的要求，最好是品质突出、特异的农艺性状较好的材料。

11.1.4　后代鉴定方法

为加速育种进程，及时对育种材料进行品质鉴定，提早升级育种材料是必要的。对于外观品质，可在 F_2 世代对当选单株的糙米进行鉴定，及早淘汰不符合育种目标的材料。在 F_3 世代，在对外观品质进行鉴定的基础上，再进行直链淀粉含量和食味性状的单株鉴定，这样 F_3 世代种子形成的后代就可以进入鉴定程序。由于目前有各种食味计，所以食味的测定效率大大提高，但食味品尝还是不可代替的。并且，对于不同世代，应该采取巧妙的可以对株、系、大量样品分别进行食味鉴定的方法。

11.2　稻米外观与食味品质的栽培改良

稻米外观品质与食味品质首先是由品种基因型决定的，在选择优良品种后，栽培措施的总原则是通过合理的栽培措施运作，保证品种优良品质充分表现并有所提高。在我国目前的经济水平下，又要保证一定水平产量的实现，而其关键措施就是保证籽粒充分成熟而又平稳灌浆。

11.2.1　栽植密度与目标产量结构

选择优良品质的品种是第一位。这类品种不仅品质优良，而且应具有形成优良品质的穗粒结构，主要是良好的结实与籽粒充实特性。而栽培目标总体以中等大小穗、适宜穗数为宜。北方稻区收获时最终产量结构在每穗 100 粒以上，结实率 90％以上，$350\sim400$ 穗/m^2 为宜。当密度过大或穗过大时，都可能由于结实率或部分籽粒饱满度降低而导致品质降低。具体栽培实践中，要根据品种本身的穗粒结构特点及发育特点决定适宜的移栽密度。

11.2.2　控制氮肥用量

氮肥追施对食味、外观品质都有很大影响。对于外观品质，主要是氮肥追施导致米粒厚度变化。氮素过低，则灌浆不足籽粒饱满度不够；氮素过高，使米中出现乳白粒等不完全粒，或者籽粒伸展不协调，导致加工过程中屑米和不完全米的增加。对于外观品质的影响，穗肥大于粒肥。

　　氮素影响食味的主要原因是伴随氮素追肥量的增加，糙米中蛋白态氮素含量增高，食味降低。因此，为提高食味应当控制籽粒中蛋白态氮。对籽粒中的氮可以从以粒为单位和以粒重为单位两个角度来思考。如表 11-3 所示，假定籽粒基本型为 A 型，则降低籽粒氮素含量可以是使 1 粒的氮素含量降低的 B 型，或者是籽粒氮素总量不变但粒重增加从而使单粒氮含量降低的 C 型，而理想的模式是籽粒氮素含量降低，同时粒重增加的 D 型。

表 11-3　氮素降低和粒重增加的氮素控制模式

（农山渔村文化协会，1995）

项目	类型			
	A(基本型)	B	C	D
1 粒精米粒重	20.1（100）	20.1（100）	21.1（105）	21.1（105）
1 粒精米的氮素含量	0.24（100）	0.23（96）	0.24（100）	0.23（96）
精米蛋白质含量	7.0（100）	6.8（97）	6.8（97）	6.5（93）

　　注：以基本型 A 为 100，（　）中数字为相对比率。

　　齐穗前追施氮肥，会促进颖花发生，氮肥施用效率可以用单位面积颖花生产效率来表示。显然，随着施肥量的增加，颖花数会增加，但达到一定的阈值以后，则颖花生产效率降低。这个阈值又与品种特性有关。上述籽粒吸收的氮与成熟精米的氮素含量和蛋白质含量有密切关系，成熟精米中蛋白质含量又和粒重有关，当粒重大时会稀释蛋白质含量增高的效应。而且，以达到阈值为界，阈值以后的氮素增加对于粒重增加影响较小，因而这部分氮会增加籽粒中的氮素含量，从而增加精米中蛋白质量，因此对食味是有害的。据此，可以将调控精米中蛋白质网络归纳为如图 11-2 所示的模式。

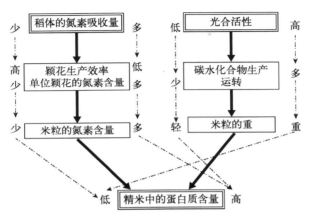

图 11-2 控制稻米氮素增加的网络

（农山渔村文化协会，1995）

从图 11-2 可见，精米中的蛋白质含量与"米粒的氮素量"和"米粒的重量"有关。一方面，"米粒的氮素量"又与齐穗前吸收的氮素有密切关系，这个时期吸收的氮素过多，颖花生产效率低下（相当于 1 颖花的氮素吸收量增加）。"米粒的氮素量"与成熟期米粒中的氮素增加相联系，造成蛋白质含量增加。也就是说，控制基肥、追肥中的氮素含量可以降低蛋白质含量。当然，因品种差异，吸收氮素量相同，存在 1 颖花氮素含量高的品种或含量低的品种，超越品种特点实现低蛋白质化是不可能的。另一方面，"米粒的重量"主要来源于米粒中蓄积的碳水化合物，为提高碳水化合物生产，维持群落的高光合活性是重要的。基于上述思想，为了制造蛋白质含量低、充实度高的米粒，从技术上来讲，不仅要控制氮素增加，同时要使粒重增加。

利用上述技术路线，日本学者曾经利用抗倒品种土生土长从

1993 年开始开展了 10 年的试验，总施氮量由 1993 年"基肥73 kg/hm² ＋穗肥 35 kg/hm²"变为"基肥 55 kg/hm² ＋穗肥 25 kg/hm²"，而蛋白质含量由 8.0% 下降到 6.5%～7.0%，糙米千粒重则由 1993 年的 20.7 g 上升到 2003 年的 21.6 g 左右。

　　根据土生土长的氮肥调控实例，结合我国东北地区的土壤状况及水稻生产实际，虽然存在品种间差异，但总体上，氮肥总量应在 180 kg/hm² 以下，基肥、穗肥分别施用；并且要重视籽粒充实度调控，如可以通过喷施磷酸二氢钾、尿素等提高籽粒充实度。

11.2.3　提高 Mg/K，增施微生物肥料

　　目前，为了保卫蓝天、创造优良的环境，我国把过去的焚烧稻秆改为秸秆还田。秸秆还田带来的问题是田间有机物大幅增多。尤其是北方，深秋或春天秸秆还田后到插秧时秸秆并不能腐烂，连同稻田没有捞出的残茬一同埋在地里，造成稻田埋有大量的有机物。这些有机物的氧化需要消耗氧气，同时又会产生硫化氢等有毒气体，这些都会对稻根造成伤害。为使稻根顺利生长，应施用微生物肥料，通过微生物等加速有机物的分解。微生物加速有机物分解的同时，一些难溶的蛋白质变成可溶性的蛋白质、氨基酸等有机氮。这些有机氮不仅能够被作物吸收，而且能够与矿物质形成螯合物，有利于提高矿物肥料肥效，进而增强植物的光合特性、抗性等机能。

　　水稻返青前的 N、P、K、Ca、S 等营养物质主要是供根系生长需要。随着气温、水温的升高，生长中心由根转向地上部的叶，地上部生长不仅需要 N、P、K 等营养元素，还需要制造生长骨架的碳水化合物，而碳水化合物是由叶绿素制造的，叶绿素的中心就是 Mg。因此，由地下部生长变为地上部生长时，所需营养成分也会发生大的变化，其中之一就是由 Ca 变为 Mg。普通的土壤中几乎没有 Ca 和 Mg，由于缺乏二者，普通土壤的 pH 一般为 5.0～5.5，好一点的是 5.5～6.0，总体偏酸性。用碱性肥料中和 pH 至 6.5 左右，能够减轻酸性条件下由于对铁等微量元素的过分吸收而

阻碍磷的吸收，这时 Ca 的肥效才起到作用。想长期维持必须施用骨粉系列的 Ca 肥，其中也含有一定量的 Mg。

人工施用的 Mg 以磷酸镁最佳，因为能够很好地参与到淀粉合成过程中。考虑到肥料之间的拮抗作用，施 Mg 的量换算成 MgO 为 15 kg/hm², 相应的 K_2O 要减少 30 kg/hm²。由于 Mg 既参与叶绿素功能，还参与籽粒淀粉合成，在后期也有大量吸收，所以大部分 Mg 作为追肥施用，适当喷施粒肥有一定效果。笔者的相关试验表明，齐穗期喷施低水平 KH_2PO_3 与低水平 $MgSO_4$ 组合对于籽粒充实度及产量的提高最为明显。

11.2.4 增施硅肥，提高产量改善食味

在第 7 章中已经阐述，硅能够起到改变叶片姿态、提高光合能力、增强抗性等方面的重要作用，从而在增产、抗倒、抗病等方面都有重要意义。本节阐述有关硅肥的施用技术。

硅素与 N 明显不同，一方面，N 在幼穗形成期的吸收量在 60% 以上，而硅的吸收在幼穗形成期以后占比 60%；另一方面，N 肥易溶于水，并且通过氨化作用等流失，利用率较低，而硅没有挥发作用，损失率低。硅的吸收还与土壤的供硅能力有很大关系。吉林、辽宁、山东、浙江、江苏的研究结果表明，我国南方土壤有效硅（SiO_2）临界值为 95 mg/kg 左右；而在北方水稻土上的试验结果表明，土壤有效硅含量大于 250 mg/kg 时仍可增产（刘平远，2018）。但刘鸣达（2002）研究认为，1 mol/L HAc - NaAc（pH4）缓冲液酸度过强，用该法测定的土壤有效硅含量不能直接判断广泛 pH 范围的水稻土供硅能力，并提出了 KH_2PO_4 - NaOH（pH6.5）提取土壤有效硅的方法，但利用该方法进行全面的土壤硅含量测定的报告还较少。

目前，硅肥种类很多，除矿渣硅肥外，还有水溶性的单晶酸硅肥、液态硅肥等，溶解性好则肥效高。

硅肥施用量因品种、土质而异。刘平远（2018）研究江苏粳稻认为，作为基肥最佳用量为 225 kg/hm²。任海等（2019）认为，硅钙肥（折：$SiO_2 \geq 15\% \sim 20\%$、$CaO \geq 25\%$）在辽宁施用

180 kg/hm² 最佳；而车红伟等（2019）认为，硅钙肥在黑龙江施用 25 kg/hm² 为宜。因此，不同地区应根据土壤、气候状况等选择适宜的用量。

硅肥的最佳施用时期在分蘖期与拔节期之间，可以以 7∶2 方式分别作基肥和在分蘖拔节期施用，另外 10％作穗粒肥喷施。

11.2.5　配方施肥

由于施肥技术的发展，从肥料的种类来看，目前已经出现大量根据作物不同需肥规律而研制的配方肥料，并且有很多肥料加入了缓释剂，成为长效复合肥。长效复合肥除 N、P、K 外，多加入 Ca、Zn 等中微量元素，肥料营养更全面。长效复合肥也能极大节省人力，所以逐渐成为农户用肥的首选。如果通过对土壤测定，明确不同田块的营养状况，分情况施肥，效果更佳。

一般复合肥以 N、P、K 为主，施用这些肥料时，主要参考 N 肥含量选用，同时复配 Si、Mg 及微生物肥料，才能够起到事半功倍的效果。

11.2.6　饱水灌溉

随着节水灌溉技术的普及，浅湿灌浆已经得到广大农户的广泛认可。高产栽培的水分管理技术，包括拔节前晒田、浅湿干灌溉、适当晚断水等，使水稻个体群体协调，籽粒发育良好。这些技术同样适于优良食味稻米生产。

对于优良食味稻米栽培，松江勇次（2018）提出饱水灌溉的概念。

饱水灌溉是指齐穗至齐穗后 20～30 d，水田表面土壤水分维持饱和状态（土壤水分在 pF 1.0 以下）。松江勇次（2018）比较了长期淹水、间歇灌溉和饱水灌溉的稻米食味差别，发现饱水灌溉的米饭黏性强、软弹、食味综合评价值高（表 11 - 4）。饱水灌溉的水分含量实质就是浅湿干水分管理的"湿"，直观表现是田洼中有水，而整体田面突出部分没有水。这种管理对于不保水的田块很难做到。

表 11-4　不同灌溉方式对稻米食味的影响

（崔晶等，2019）

处理	外观	香气	味道	黏度	硬度	综合评价
间歇灌溉	−0.04a	0.00a	−0.15a	0.08ab	0.23a	−0.08ab
饱水灌溉	0.08a	0.12a	0.08a	0.20b	0.08a	0.20b
长期淹灌	−0.23a	−0.08a	−0.12a	−0.16a	0.58b	−0.31b

注：供试品种为越光，对照为来自其他地块长期淹灌的越光米。不同小写字母表示不同处理差异显著。

参 考 文 献

车红伟，高伟江，2019. 硅钙肥在水稻上的应用效果. 现代化农业（3）：16-17.

崔晶，松江勇次，楠谷彰人，2019. 优质食味米生产理论与技术. 北京：中国农业出版社：36-55.

房振兵，潘高峰，汪本福，等，2018. 基于穗重对长江中下游水稻穗型分类及其与产量和品质关系的研究. 湖北农业科学，57（24）：74-78.

刘坚，陶红剑，施思，等，2012. 水稻穗型的遗传和育种改良. 中国水稻科学，26（2）：227-234.

刘鸣达，2002. 水稻土供硅能力评价及水稻硅素肥料效应的研究. 沈阳：沈阳农业大学.

刘平远，2018. 硅肥施用量对粳稻产量形成与品质的影响. 扬州：扬州大学：12.

任海，付立东，王宇，等，2019. 不同硅肥施入模式对水稻产量及品质的影响. 东北农业科学，44（4）：13-18，58.

徐正进，陈温福，韩勇，等，2007. 辽宁水稻穗型分类及其与产量和品质的关系. 作物学报，33（9）：1411-1418.

中华人民共和国农业部，2013. 食用稻品种品质：NY/T 593-2013. 北京：中国标准出版社.

朱昌兰，沈文飚，翟虎渠，等，2004. 水稻低直链淀粉含量基因育种利用的研究进展. 中国农业科学，37（2）：157-162.

楠谷彰人，边嘉宾，刘建等，2007，米的品質·食味—米的食味に関する日

中品種間比較．農業及び園芸，82（2）：294-299.

松江勇次，2018. 米の外観品質と食味—最新研究と改善技術：高温登熟条件下における増収、品質向上対策—登熟期間中の水管理と玄米仕上げ水分および玄米形状の視点から．東京養賢堂：383-392.

农山渔村文化协会，1995. 農業技術大系・作物編2　イネ・基本技術②．日本东京赤坂7-6-1：农山渔村文化协会.

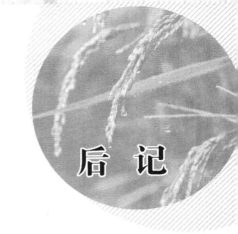

后　记

本书的完成，首先要感谢多位恩师的引领和教诲。

我1992年来到沈阳农业大学，师从曹炳晨教授攻读硕士学位。曹炳晨教授是我国第一批公派日本留学生，留学日本期间（20世纪80年代）就很关注日本稻米食味品质改良。回国后于20世纪90年代，在辽宁省审定了优良食味水稻品种沈农129和香型水稻品种沈农香糯1号。审定食味稻和特种水稻，这在当时是很领先的研究活动。曹炳晨教授指导我以"辽宁省稻米品质研究"作为我的硕士论文题目。因为当时大家并不晓得稻米品质测定方法，所以将我派到中国水稻研究所学习稻米品质分析方法，使我受用终身。我硕士毕业后，留在沈阳农业大学工作。2000年仍然以稻米品质作为主要内容完成了我的博士论文。没有想到，硕士、博士期间的研究内容成了我稻米品质研究的起点，其后所有研究工作都围绕这一领域展开。

2004年，我公派日本留学，来到东京大学作物学研究室大杉立教授门下学习。大杉立教授对中国的学生、学者怀有非常友好的感情，先后有多位中国留学生和访问学者在他们研究室学习，他尽自己的所能，为研究者提供了最大的研究便利。

留学期间，限于中国稻米品质的研究现状，我主要围绕灌浆对稻米品质影响进行研究。其中一部分内容是围绕食味展开，而大杉立教授的研究室当时并不具备这方面的研究条件，于是介绍我到食品综合研究所谷类特性研究室大坪研一研究员的研究室去完成有关的试验。

大坪研一研究员是日本著名的稻米品质食味专家。1992年，我硕士研究生期间，就在日文版《育种学最近的进步》杂志上读过大坪研一研究员的稻米食味专题报告，当时被他丰富的研究内容和学术见解所折服，这次能够到他的研究室进行研究，真觉荣幸之至！在那里，我第一次接触到RVA仪、质构仪等在当时食味研究领域较为先进的仪器，还有大量的稻米品质图书。而且通过这次研究，与大坪研一先生结下了友谊。大坪研一先生学术建树颇丰，后来发表了化学方法测定支链淀粉分支成分的方法，我们研究团队一直采用。

20世纪90年代末至21世纪初，在天津农学院崔晶教授的引荐下，包括大坪研一、松江勇次、楠谷彰人等一批日本稻米品质食味专家，多次到我国不同地区围绕稻米食味改良进行讲学。可以说，这些学者为我国稻米食味改良做出了巨大贡献。

2004年的留学生活，我的研究开始由稻米品质生理逐渐转向稻米食味。2015年我再次来到大杉立的研究室，主要围绕稻米食味进行研究。在这次研究中，大杉立委托北海道的梅本贵之教授，完成了试验材料的支链淀粉链长分布研究，介绍我到茨城大学新田洋司教授研究室完成米饭显微结构观察。我总结研究结果发表了高水平论文，也为我现在的研究奠定了很好的理论和实践基础。

　　可见，我走上稻米品质、食味研究之路，并取得一定成绩，离不开前辈的培养。谨对引我进入稻米品质领域的恩师表示崇高的敬意。

吕文彦

2020 年 10 月

图书在版编目（CIP）数据

粳稻食味与外观品质改良理论及方法／吕文彦，郭晓雷主编．—北京：中国农业出版社，2020.12
ISBN 978-7-109-27576-8

Ⅰ.①粳… Ⅱ.①吕… ②郭… Ⅲ.①粳稻—粮食品质-研究 Ⅳ.①S511.2

中国版本图书馆 CIP 数据核字（2020）第 227401 号

中国农业出版社出版
地址：北京市朝阳区麦子店街 18 号楼
邮编：100125
责任编辑：史佳丽 魏兆猛
版式设计：杜 然 责任校对：沙凯霖
印刷：北京大汉方圆数字文化传媒有限公司
版次：2020 年 12 月第 1 版
印次：2020 年 12 月北京第 1 次印刷
发行：新华书店北京发行所
开本：880mm×1230mm 1/32
印张：7.25 插页：2
字数：205 千字
定价：48.00 元

吕文彦与大坪研一教授摄于沈阳

吕文彦与大杉立教授摄于东京大学作物学研究室内

吕文彦与夫人共同参加曹炳晨教授奖学金颁奖仪式

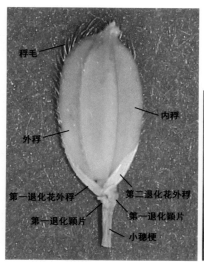

彩图1-1　水稻颖果结构
（陈国珍，2012）

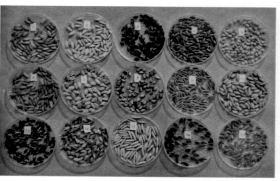

彩图1-2　水稻颖果色泽
（应存山，1993）

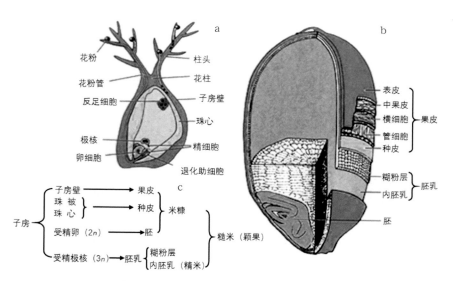

彩图1-3　受精子房与成熟糙米发育之间的关系
（王忠，2015）

a.子房结构示意图　b.成熟糙米结构示意图　c.受精子房与成熟糙米发育之间的关系

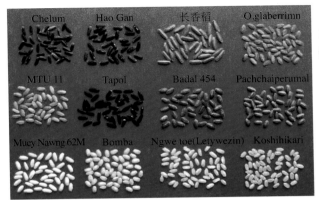

彩图1-4　糙米的色泽
（《稻作大百科》，1991）

彩图1-5　花后18d的水稻果皮和种皮
（王忠，2015）

注：A为淀粉体，AL为糊粉层，Ch为叶绿体，Cl为横细胞，ES为胚乳，Ep为外果皮，SV为通向柱头的维管束，TC为管细胞，NE为珠心表皮。放大倍数×800。

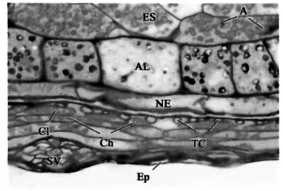

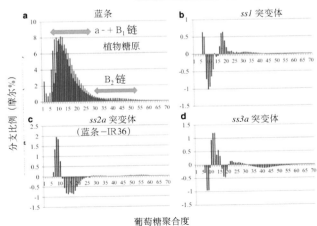

彩图4-1　水稻淀粉合酶同工酶缺陷突变体支链淀粉结构的变化

a.野生型粳稻品种Nipponbare(蓝条)胚乳中的支链淀粉，与水稻*sugary-1*突变系(EM41)的植物糖原(棕色条)进行比较　b.*ss1*突变体支链淀粉(Fujita et al.，2006)。c.*ss2a*突变体支链淀粉(Nakamura et al.，2005)　d.*ss3a*突变体支链淀粉(Fujita et al.，2007)

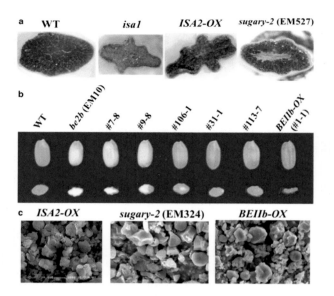

彩图4-2　水稻胚乳中产生水溶性多糖－(WSP)型葡聚糖的突变体和转化子

a.子粒横截面：野生型（WT）、糖1型（*isa1*）、过表达型（*ISA2-ox*）、糖2型（*ISA2-2*）　b.将正常水稻（WT）BEⅡb基因导入*be2b*突变系（EM10）中，获得不同BEⅡb表达水平水稻转化子，图示其种子形态（Tanaka et al.，2004）。注意，BEⅡb过表达系（BEIIb-ox，#1-1），由于水溶性多糖的积累，成熟种子变得枯萎　c.ISA2过表达株系（Utsumi et al.，2011）、*sugary-2*突变株系和水稻BEIIb过表达株系（Tanaka et al.，2004）胚乳中葡聚糖颗粒形态扫描电镜图

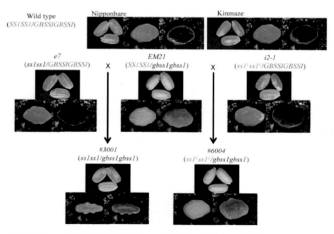

彩图5-1　单突变系和双突变系的种子形态、横截面和碘染色

（Yasunori，2015）